POUR UN COMPTE CARBONE INDIVIDUEL

DU MÊME AUTEUR

(derniers titres parus)

Algocratie. Allons-nous donner le pouvoir aux algorithmes ?, Paris, De Boeck Supérieur, 2023.

ChatGPT. Il était une fois une IA régressive, Bruxelles, Éditions de l'Université Libre de Bruxelles 2023.

Les Fondements de l'informatique, Paris, De Boeck Supérieur, 2022.

L'Intelligence artificielle en pratique avec Python, Paris, Eyrolles, 2022.

Big Brother is driving you, Bruxelles, Éditions de l'Académie Royale de Belgique, 2018.

SOCIÉTÉ

HUGUES BERSINI

POUR UN COMPTE CARBONE INDIVIDUEL

Des algorithmes au chevet de la Planète

puf

ISBN 978-2-13-088806-2
Dépôt légal – 1re édition : 2025, mai

170 bis, boulevard du Montparnasse, 75014 Paris

Introduction

Algos verts contre algues vertes

Dans un précédent essai de facture moins écologique, j'interrogeais le pouvoir de formatage social des nouveaux algorithmes ubiquitaires et addictifs, qu'ils soient dotés ou non d'intelligence artificielle, de capacité de profilage ou non : très précisément, leur légitimation par les citoyens lambda et la possibilité de les exploiter sous certaines conditions à des fins bénéfiques pour la collectivité. Je discutais leur mise en œuvre dans l'aide à la gestion de situations aussi sensibles et complexes que la mobilité dans nos villes, l'accès dans les établissements d'enseignement, le partage de l'eau et de l'électricité, la santé publique (la crise du Covid a montré combien les applications informatiques nous sont devenues indispensables) ou la recherche d'emploi. Par leur omniprésence, la facilité connue et reconnue désormais avec laquelle la plupart des citoyens concernés les adoptent (jusqu'à succomber à l'addiction), toutes générations de plus en plus confondues, ils semblaient appeler à jouer un rôle d'importance croissante dans la manière de guider et d'orienter ces mêmes citoyens lorsqu'ils se trouvent embarqués de gré ou de force dans des situations sociales sans cesse plus complexes.

Je distinguais deux familles d'algorithme, selon leur inévitabilité et leur pouvoir de coercition, c'est-à-dire leur caractère fortement prescriptif. D'un côté, ceux qui se limitent à conseiller, guider (GPS, sites de rencontre, algos de recommandation...), comme les mentors et tuteurs, tout indispensables qu'ils puissent être devenus. De l'autre, ceux qui obligent et dont l'utilisation est devenue incontournable (accès dans les établissements d'enseignement, dans les transports ou certains lieux publics – on se rappellera le pass vaccinal de la période du Covid –, accès au crédit ou écrans obligés pour certaines aides financières sociales). Ceux-là, par leur caractère diffus et liberticide, font l'objet de critiques bien plus acerbes que les premiers et, pour d'aucun, représentent la ligne rouge à ne pas franchir d'un téléguidage forcé par des logiciels, d'un monde formatté à la *Truman Show*.

J'osais pourtant le constat que cette deuxième famille prendrait graduellement le pas sur la première et que si la première, malgré la possibilité de s'en détourner, s'imposait par les automatismes et les dépendances psychologiques qu'elle provoque, la deuxième s'imposerait car la puissance publique (s'inspirant en cela des pratiques et des réussites des GAFAM) y verrait chaque jour davantage la manière la plus simple et la plus efficace de ramener le comportement des citoyens dans des clous algorithmiques idéalement (mais pour combien de temps encore ?) adoubés par les lois.

Un exemple parmi tant d'autres de cette évolution inévitable : partant de la loi interdisant la conduite en état d'ivresse, on passe de la présence accrue de policiers armés d'alcotests à la voiture impossible à démarrer si le conducteur présente une haleine embuée d'alcool. Chaque fois, la facilité d'imposition (quelques lignes de code), l'autonomisation rampante, la déjudiciarisation et l'efficacité se trouvent mises en avant, au dépend de la légitimité et de la nuance interprétative que pourrait réclamer le dispositif législatif (quel seuil d'alcoolémie, dans quelle circonstance doit-on prendre le volant même ivre...). Par principe, la voiture autonome ne viole par le Code de la route, tout intégré qu'il se trouve dans les lignes logicielles de son code à elle. « *Code is law*[1] » : quand les textes de loi se muent en des instructions de programmation Java ou Python qui s'exécutent à même votre smartphone ou votre voiture, il y a là une évolution radicale des modes de régulation sociale qui mérite plus qu'une soumission béate à la technologie des GAFAM. Un questionnement s'impose sur la légitimation d'un dispositif dont l'efficacité le dispute à l'adhésion à reculons des citoyens.

En filigrane, l'apport de ces algorithmes dans l'atténuation des menaces écologiques, dont l'effet de serre mais pas uniquement, était évoqué. Je défendais l'idée que leur présence et leur singulière efficacité dans la manipulation des masses n'était tolérable que si ces

1. Expression que l'on doit à Lawrence Lessig dans son ouvrage désormais classique *Code and Other Laws of Cyberspace*, Boston, Basic Books, 2006.

mêmes masses se trouvaient dès l'origine impliquées, jusqu'à mobilisées, dans l'écriture de ces algorithmes. Un tel pouvoir de coercition ne pouvait s'accepter qu'à une condition unique : une adhésion complète des usagers, acquise et proportionnelle au rôle que ces logiciels sont censés jouer dans ces nouvelles formes de « camisole technologique ». Un trio de programmeurs devrait présider à l'écriture de ces codes : en sus des élus et des spécialistes des domaines en question (mobilité, santé publique, crédit, enseignement), des citoyens lambda, éventuellement tirés au sort qui en légitimeraient l'usage et faciliteraient leur diffusion. Ceci ne fut nullement le cas lors de l'invasion algorithmique à laquelle nous avons assisté, médusés et figés, pendant la crise du Covid. Les applications de traçage de contacts, censées nous avertir d'une possible contamination et, plus globalement, de ralentir la propagation épidémique, ont connu un échec cuisant d'adoption dans tous les pays où elles ont été déployées. Si l'on considère la manière dont elles ont été proposées et le climat de défiance qui régnait alors, rien de bien surprenant.

Je défendrai l'idée ici que la pression coercitive de ces algorithmes ubiquitaires ne pourra s'accepter qu'au prix d'une horizontalisation des régimes politiques leur donnant naissance. Pour de nombreux observateurs, la lutte contre les dégradations de l'environnement et le réchauffement climatique favorisent déjà l'apparition de nouveaux regroupements sociaux à l'échelle locale, ainsi qu'un mode de gouvernance plus spontané, débarrassé des élections, incluant chaque citoyen impacté, et attribuant le pouvoir décisionnel selon des modes plus flexibles et plus adaptés aux aspérités du terrain. Coïncidence heureuse, il y a là une ressemblance et une convergence bienvenues avec les communautés d'informaticiens qui s'organisent et s'autogouvernent autour du développement de codes ouverts, tel le plus stratégique d'entre eux : le système d'exploitation des ordinateurs et des smartphones.

Dans leur appel à plus d'agilité dans les développements informatiques, les programmeurs exigent aujourd'hui d'intégrer dès les prémices les utilisateurs finaux, et sont soucieux d'une adaptativité et d'une réactivité continues aux demandes de changement. Il suffit d'étendre à monsieur tout-le-monde une pratique de développement logiciel qualifiée d'« agile », qui s'est considérablement imposée parmi les informaticiens. Nous discuterons l'extension possible au plus grand nombre de ces « communs numériques » que sont devenus la plupart des logiciels dits en « code ouvert », résultats de l'action collective et auto-organisée d'une myriade d'informaticiens bénévoles. Des communs numériques mis au service de communs sociaux et territoriaux, voici en substance la thématique principale poursuivie et plus amplement développée ici.

Plus précisément, on entend développer une idée capitale et radicale qui s'est popularisée ces dernières années afin de réduire notre empreinte carbone, le compte carbone individuel, et discuter de son inévitable algorithmisation, quel que puisse être son degré de coercition – entre le conseil ou l'obligation, plutôt le navigateur logiciel, le GPS, ou plutôt l'application bancaire. Je rejoins un nombre croissant d'activistes climatiques[1] pour lesquels cette proposition et sa radicalité (qui en fait tout son intérêt) s'imposent pour avoir la moindre chance d'aboutir à une neutralité carbone dans les vingt-cinq ans à venir. Dans leur ensemble, ils s'accordent sur les nombreux leviers d'action pour infléchir la courbe de nos émanations carbones : moins de croissance consumériste, des technologies plus soucieuses de sobriété carbone, le signal prix, ou un État plus ou moins sévère dans ses prescriptions écologiques. Mais ils s'opposent souvent sur l'importance et la priorité à accorder à chacun de ces leviers, notamment en raison de leur nécessaire imbrication. Pourquoi ne pas s'attaquer au problème par l'un des bouts les plus influents : les consommateurs ?

Malgré la réticence ou l'extrême prudence de nos gouvernants à contraindre les citoyens à adopter nettement plus de sobriété dans leurs habitudes de consommation, ce compte carbone (aussi simple et universel – l'informatique se rit des frontières physiques – à utiliser que le smartphone pour s'acquitter d'un achat) apparaît comme l'un des leviers, parmi d'autres, les plus efficaces pour y parvenir. Action/réaction : sa simplicité de mise en œuvre (smartphone aidant), son universalité (telle une carte de crédit), son caractère déterritorialisé, en font un outil plutôt attirant pour lutter simplement contre le dérèglement climatique. La mise en relation directe des consommateurs avec les producteurs de bien et de services met partiellement les États sur la touche, ces acteurs pourtant centraux

1. Tel Pierre Charbonnier dans le numéro spécial du *Nouvel Obs* intitulé « Penser l'écologie. Le temps de l'action », 30 juin 2024.

mais qui n'ont eu de cesse ces dernières années de se décrédibiliser devant l'urgence de la transition écologique. Cette mise en œuvre ne pourra faire l'impasse d'un traçage algorithmique qui, à l'issue de nos achats ou d'autres types de comportement polluant, permettra de calculer, d'organiser, d'anticiper, d'arbitrer et finalement de débiter ce compte carbone. Algocratie et compte carbone individuel apparaissent ainsi comme deux idées et projets sociétaux naturellement convergents, aussi bien dans leur radicalité que dans leur concrétisation informatique.

Le premier chapitre fait suite à une déclaration de l'ingénieur Jean-Marc Jancovici constatant que le respect des accords de Paris nous oblige à une diminution radicale de nos déplacements aériens. J'imagine difficilement la mise en place de cette limitation sans l'allié Web (par lequel chacun est contraint de passer pour la réservation de son vol) et une traduction totalement informatisée, en lignes de code s'exécutant sur un serveur centralisé, et répercuté sur votre smartphone ou votre ordinateur portable. Mais nous nous centrerons sur cette idée bien plus englobante et potentiellement plus envahissante encore (la limitation des vols y serait automatiquement incluse) du compte carbone individuel et de sa seule réalisation possible sous forme algorithmique.

Je discuterai donc de la nature plus ou moins coercitive d'un tel dispositif, depuis la simple sensibilisation jusqu'à l'interdiction pure et dure de l'achat à effectuer, du positionnement de ce levier d'action par rapport à d'autres plus classiques, des difficultés inhérentes à sa mise en place, de sa possible progressivité du local vers le global, de la manière dont les citoyens devraient s'en emparer et de les faire y adhérer progressivement. La radicalité de telles restrictions dans nos modes de consommation ne sera acceptée qu'au prix d'une adhésion totale des consommateurs (on se rappelle bien-sûr de la réaction plutôt vive des Gilets jaunes à l'augmentation du prix des carburants), adhésion exigeant d'horizontaliser et d'intensifier les processus délibératifs et les confrontations en vue de possibles convergences algorithmiques.

Seuls des communs numériques permettront à chacun de partager efficacement l'habitat de ces communs naturels dont nos productions et consommations dévastatrices condamnent la viabilité à un horizon se rapprochant dangereusement. Nul individu rationnel et informé ne pense plus pouvoir éviter le mur climatique vers lequel nous fonçons à toute allure, mais une algorithmisation plus accentuée de notre vivre-ensemble pourrait en atténuer le choc.

Chapitre 1

Quand il faut réduire la voilure aérienne

Le jour 30 mai 2023, sur les ondes de France Inter, l'ingénieur Jean-Marc Jancovici, un des experts tout aussi reconnu du réchauffement climatique et de la transition écologique que connu pour son franc-parler, évoquait les modifications comportementales nécessaires, incombant à chacun d'entre nous, si l'on voulait voir aboutir le maintien du réchauffement climatique en-dessous de 1,5 degré Celsius, qui est l'objectif premier de la COP 21. Conscient que les vols d'avions sont un des plus gros responsables des émissions de CO_2 et que les passagers sont toujours plus nombreux, notre ingénieur déclarait tout de go, au micro d'une journaliste éberluée, et à l'issue d'un calcul des plus simples et logiques à effectuer, que chaque habitant de la planète n'aurait dorénavant plus droit qu'à quatre vols d'avion pour le restant de ses jours. Sur les dix tonnes de CO_2 en moyenne que chaque Français ou Belge contribue à envoyer dans l'atmosphère en un an, rappelons qu'un vol d'avion est pratiquement responsable à lui seul d'un quart de cet impact.

À dire vrai, ce nombre de quatre et la manière d'y aboutir n'ont pas vraiment d'importance. Nous sommes tous de plus en plus conscients que, parmi les adaptations les plus conséquentes auxquelles nos existences devront se soumettre dans les années à venir, afin de limiter nos émanations de CO_2 et plus généralement de gaz à effet de serre, la diminution radicale de nos déplacements aériens s'impose comme l'une des plus pressantes. Pourtant, certains s'exonèrent en insistant sur la part modeste des vols d'avion dans les 50 gigatonnes de CO_2 que toutes les activités terrestres confondues produisent chaque année : 4 %. Comment expliquer cette contradiction apparente ? C'est assez simple : tout le monde ne prend pas l'avion. On peut estimer que 80 % des Terriens n'ont jamais bouclé une ceinture de sécurité quand un témoin lumineux les invite à le faire. Ce sont par ailleurs ces mêmes défavorisés économiquement, rivés au sol, qui, en général, n'ont pas à rougir de leurs émanations de CO_2, alors même qu'ils risquent d'être parmi les victimes les plus exposées au réchauffement terrestre. C'est une des plus scandaleuses injustices de cette catastrophe qui s'annonce : ce sont ceux qui en sont le moins responsables qui s'apprêtent à en être le plus victimes.

Ce sont donc ces autres 20 % de voyageurs impénitents qui devront, parmi les nombreux efforts qu'on leur demandera à l'avenir, réduire drastiquement leur voilure aérienne. De tous les leviers de décroissance dont disposent ces gros pollueurs, la diminution de leurs voyages aériens pourrait être l'un des plus efficaces et des moins exigeants. Au demeurant, les plus jeunes membres de cette classe favorisée en prennent de plus en plus conscience, plaidant spontanément pour le train et la voiture quand ce n'est pas pour des vacances à moins de mille kilomètres de chez eux. Parmi ces passagers, soulignons également que les premières classes, au vu de l'espace et du confort dont ils bénéficient, sont davantage à blâmer que ceux qui s'entassent, les genoux flirtant avec leur nez, dans les compartiments plus reculés : la première classe dans la carlingue vaut une première place sur le podium des pollueurs. Pire encore, ces hommes d'affaires qui ne se déplacent qu'à bord de jets privés. Leur empreinte carbone est atmosphérique, à tous les sens du terme.

L'EFFET GRETA

Or, pour ces inconditionnels des nuages, comment parvenir très vite à la diminution souhaitée ? On dénombre quatre leviers d'action évidents pour influencer à la baisse nos émanations de CO_2. Ce sont la politique, la technologie, l'économie et notre simple éthique personnelle.

Dans le cas des vols d'avion, commençons par le dernier. Il s'agit de notre toute élémentaire, spontanée et personnelle prise de conscience qui, en l'absence de la moindre obligation légale, pression économique ou administrative, nous enjoint à ne plus voler, un petit diable affolé et carbonisé juché sur notre épaule lorsque nous lorgnons avec envie nos écrans avec ses vidéos de plages hawaïennes ou de sommets himalayens. On pourrait l'appeler « l'effet Greta », en référence à la célèbre jeune activiste suédoise qui, pour quelque déplacement qui soit, refuse de s'élever au-dessus des nuages. Elle arbore fièrement un ciré jaune sur le pont des bateaux qui la transportent d'un continent à l'autre, d'une COP désespérante à une autre. Les Suédois ont un terme pour désigner cette honte de prendre l'avion : *flygskam*.

De plus en plus de personnes, surtout les plus jeunes, les plus menacées, choisissent en leur âme et conscience, clairvoyantes quant à un avenir climatique plus qu'effrayant, de modifier des volets importants de leur consommation : la disparition de la viande de leur alimentation, la gestion de leur propre compost, l'installation de panneaux solaires sur leur toit, la réduction drastique de leurs déchets (en triant consciencieusement les résidus) ou le refus à jamais d'admirer les sommets enneigés à travers un hublot. Elles ne veulent pas d'une boussole morale totalement déréglée, affolée d'un pôle de fin du monde à l'autre. Elles veulent garder le cap. Elles s'érigent en exemple auprès de leurs proches et de leurs voisins, qu'elles scrutent parfois d'un regard suspicieux en espérant faire tache d'huile. Au-delà d'un vote écolo, elles sont convaincues que c'est en apaisant leur conscience et en entraînant leur entourage, qu'elles participeront le plus et le mieux à l'indispensable transition écologique. Elles ne croient plus en grand-chose sauf à l'exemple qu'elles donnent, et s'efforcent de soustraire aux affres du dérèglement climatique les remords d'un comportement aussi peu vert que vertueux.

INTERDIRE OU DISSUADER ?

En sus de cette prise de conscience spontanée, sans pression exogène autre que l'angoisse de la température invivable du monde à venir, voyons les deux autres mécanismes de coercition sociale dont l'efficacité n'est plus à démontrer.

La Convention citoyenne pour le climat que le président Macron a lancée en 2019, a proposé, parmi les nombreuses mesures préconisées et non reprises, de supprimer les vols intérieurs s'il existe une alternative bas carbone au déplacement. Tout évidente que cette mesure puisse être, elle n'a pas été suivie d'effet. Le Parlement, à tort, n'a pas retenu la proposition. Ici, c'est la loi qui aurait pris le dessus et interdit tout vol pour des distances relativement modestes. Sans grand effort d'imagination, on conçoit assez facilement l'implémentation logicielle de telles interdictions par les compagnies aériennes, plutôt que la mise en place de procédures punitives à destination des contrevenants. L'État a reculé devant la pression des compagnies aériennes et tout le tissu entrepreneurial qui les environne, ainsi que devant une possible réaction des utilisateurs. Victoire à la Pyrrhus, il a toutefois obtenu des compagnies qu'elles tiennent mieux informés les passagers sur l'impact carbone occasionné par leur vol. Des lors, la question récurrente est bien : qui les puissances régulatrices doivent-elle viser en priorité, les producteurs ou les consommateurs ?

D'un pur point de vue calculatoire, il semble plus délicat de restreindre légalement le nombres de vols mis en service par les compagnies aériennes (lesquels, et de combien pour chacune des compagnies ?) que le nombre de vols autorisés pour les passagers à venir (disons quatre, qui que vous soyez, ou que vous habitiez). Chaque futur passager est doté d'un smartphone qu'il est aisé de connecter à un serveur central comptabilisant et limitant le nombre de vols déjà effectués. De surcroît, ceux que les mesures privatoires visant les citoyens révulsent, pourraient considérer que prendre le problème par les producteurs confère à donner à ces mêmes citoyens l'illusion d'une plus grande égalité de traitement. Je n'en suis pas convaincu. Tout bien pesé, et même si le débat est loin d'être tranché, il semble que l'État (s'il le fait convenablement, comme nous le verrons) aurait plus de facilité et d'efficacité à viser directement les passagers, que ceux qui leur font traverser les nuages et goûter aux joies des trous d'air.

Autre levier : la pression monétaire, *a priori* des plus facile à mettre en œuvre, consiste à laisser faire l'économie de marché et ses effets dissuasifs par les prix. Ainsi, il y a pour le moins de quoi s'étonner que le kérosène des avions ne soit pas davantage taxé, tout comme l'est le carburant de nos véhicules et, dès lors, qu'un vol *low-cost* pour le fin fond de l'Italie et de l'Espagne puisse coûter moitié prix qu'un voyage en train Bruxelles-Paris. D'autre part, si les compagnies aériennes apprennent que le nombre de passagers qu'elles transportent risque de se réduire drastiquement à l'avenir, et si elles en acceptent la finalité écologique ou entérinent la pression législative des gouvernements, elles n'auront d'autre alternative que d'aligner la demande sur l'offre en augmentant considérablement le prix des billets. Pour qu'elles s'y retrouvent, beaucoup moins d'avions dans le ciel obligera les passagers à mettre la main au portefeuille. Voler ne se fera plus qu'à prix d'or et la première classe se généralisera. Dès lors, et comme toujours quand l'économie prend la main afin de décourager les comportements polluants (pollueur-payeur), des inégalités nouvelles se feront jour, permettant à la minorité des plus riches de s'obstiner à rapetisser et transformer la planète en cocotte-minute.

Les économistes, autant sensibles au sort des consommateurs qu'à celui des producteurs (les constructeurs d'avion, les compagnies aériennes, les agences de voyage…), espèrent que l'offre pourra toujours retrouver les niveaux d'avant si les constructeurs améliorent la technologie et mettent sur le tarmac des avions beaucoup moins polluants. À en croire les ingénieurs, ce n'est pas pour demain, en raison des adaptations considérables que demanderaient, par exemple, des avions volant à renfort d'électricité, de biométhane, d'hydrogène ou de solaire. Dans l'attente d'évolutions technologiques conséquentes, qui se concrétisent à vitesse d'escargot plus que de faucon pèlerin, la solution de raréfaction de la demande par l'augmentation des prix apparaît comme la voie la plus logique et la plus simple, à rebours de toute l'évolution de ces dernières décennies qui a permis avec le *low-cost* à des personnes au revenu modeste de saturer leur smartphone et les réseaux sociaux de photos des dernières vacances en Thaïlande.

Dès lors, sensibles au désordre social que de telles inégalités peuvent provoquer (les Gilets jaunes sont sans cesse à l'esprit) si tous les billets d'avions deviennent de première classe, il n'est d'autre alternative que de revenir à la mise en place d'un dispositif législatif adéquat, sans répercussion sur les prix, reprenant la proposition spectaculaire de Jancovici et interdisant à tout un chacun, à partir par exemple du prochain 1er janvier, de voler plus de quatre fois pour le restant de ses jours. En tant que tel, ce texte de loi est d'une simplicité déconcertante à formuler et un informaticien ne voit aucune difficulté majeure à le rendre facilement opérant. Aujourd'hui, presque toutes les réservations de vol aérien, toutes compagnies confondues, se font par le Web. Il suffit alors d'une possible centralisation de ces réservations, l'existence et l'identification de chacun d'entre nous comme client connu de celles-ci, pour facilement tracer et plafonner le nombre de nos réservations à quatre. Sur le plan numérique, rien de bien sophistiqué à cela : une simple ligne de code quelque part, une instruction conditionnelle (un « si…, alors »), omniprésente dans tous les langages de programmation, autorisant une réservation si et seulement si le nombre actuel de réservations faites par le demandeur reste inférieur à quatre.

Où l'on découvre déjà que, quel que soit le mécanisme mis en œuvre afin d'infléchir nos comportements dans le sens d'une transition écologique plus qu'urgente, cela pourra se faire avec un dispositif informatique guère compliqué à mettre en place. Lorsque l'urgence et l'efficacité s'imposent, il suffit d'interroger les GAFAM et la gouvernementalité algorithmique pointe sans surprise le bout de son nez. Un cloud informatique nous maintiendra bien vite au sol. Transition écologique obligeant, lois et applications informatiques n'auront d'autre alternative que de s'allier, d'apprendre à se parler, à s'hybrider, à faire bon ménage, faisant des législateurs et des informaticiens d'inévitables partenaires dans l'alignement de nos comportements sur les impératifs écologiques. On sait combien les GAFAM disputent aux législateurs la faculté de manipuler nos comportements, mais dans un sens qui bénéficie bien davantage à leur profit plutôt qu'à celui de la collectivité.

ET SI NOUS DÉCIDIONS NOUS-MÊMES DES PASSAGERS NON CLANDESTINS ?

Apportons toutefois quelques nuances à notre propos. Les statistiques nous informent que les motifs de voler se déclinent aujourd'hui pour moitié en loisir, pour un quart en visite des proches et pour le dernier quart en mission professionnelle. Il est fort possible que certains vols restent à privilégier sur d'autres, en fonction non plus du compte en banque mais de l'âge, de la profession, de la situation familiale des usagers et du motif de voyage. Demain, les vols de nature professionnelle se verront très naturellement et très simplement substitués par des appels vidéo, nettement moins dommageables pour la planète (et qui font l'économie du *jet lag*). Pour les autres, ne serait-il pas naturel que ces mêmes privilèges puissent résulter, non plus d'un débat d'élus et la rédaction de textes législatifs aussi laborieux que rigides, mais plutôt d'une délibération citoyenne et d'un consensus faisant suite à des débats recherchant les convergences ? Il y aurait là une continuation et un approfondissement de la Convention citoyenne, mais centrée sur une problématique nettement plus ciblée : qui peut voler et pourquoi.

La loi imposerait l'esprit de la réforme (quatre vols en moyenne), mais sa calibration fine, reprise dans l'algorithme, demeurerait le résultat de concertations, d'échanges, et idéalement d'une unanimité des citoyens. Par exemple, rien n'interdirait d'autoriser les vols long courrier pour certains types de voyage plutôt que d'autre. Le résultat se trouvant capté par les logiciels de réservation en ligne, on aurait là un premier cas de codage citoyen. À la différence des textes législatifs, cet algorithme ne serait en rien figé dans le marbre, puisque des adaptations fines et rapides seraient toujours possibles (rien de plus facile et de plus immédiatement opératoire que de modifier une ligne de code, les mises à jour fréquentes de nos smartphones et de nos ordinateurs nous le montrent à l'envi).

ON NE DÉTOURNE PAS UN ALGORITHME

De surcroît, les algorithmes dotent la loi d'une effectivité et d'un pouvoir de coercition considérablement accrus. La loi accepte des marges interprétatives selon la subjectivité du législateur et du juge, pas l'algorithme. Aussi longtemps que l'humain demeure l'exécutant, la loi conserve sa latitude sémantique et magnifie le doute et l'intime conviction. L'informaticien tient l'imprécision en erreur, voue le doute aux gémonies et traque le bug avec obstination. Or, une fois installé sur nos smartphones, c'est l'algorithme qui dicte et formate nos comportements, et non plus la loi. Il est difficile de se dérober à un algorithme bien écrit, au passage obligé (ici, la réservation d'un billet d'avion), et dont tout détournement devient impossible. L'algorithme contraint bien davantage que la loi. Chaque fois qu'un algorithme prend la main comme mode de régulation sociale (le logiciel Parcoursup d'inscription aux universités ou les algos mis en œuvre durant la crise du Covid), les citoyens s'en défient, refusant la camisole algorithmique. Ils veulent en savoir bien davantage sur la manière dont l'algo a été rédigé, sur la base de quels critères, ce que l'on fait de leurs données personnelles et pourquoi. En somme, ils exigent une transparence totale, et quoi de mieux pour assurer cette adhésion et garantir cette transparence que de les faire participer d'une manière ou d'une autre à la rédaction du code ?

Gouvernementalité algorithmique et participation citoyenne vont naturellement de pair, en ce sens qu'il est illusoire d'espérer l'efficacité de l'une sans la complète mise en place de l'autre. À l'heure d'une défiance accrue du politique, d'une démobilisation citoyenne ou, son contraire, d'une sur-mobilisation colérique, un pouvoir exécutif algorithmisé et renforcé conduit nécessairement à une horizontalisation de nos régimes démocratiques. En bref, l'urgence de limiter les vols impose la présence de l'algorithme, et son usage questionne sa légitimation par les élus. Il faut impérativement que les passagers de demain restent maîtres de l'algo, depuis sa conception légale jusqu'à son fonctionnement pratique, et que tout un chacun puisse avoir accès et participer à son l'évolution de l'outil.

VOLER POUR UN ŒUF OU VOLER POUR UN BŒUF ?

Si l'urgence de la situation oblige à sortir de l'ajustement par les prix, il nous faut prendre en considération les conséquences négatives que de telles restrictions auraient sur les producteurs (constructeurs, compagnies aériennes...). C'est tout un pan de l'économie (on imagine bien la quantité de secteurs commerciaux concernés, depuis l'industrie jusqu'au services liés au tourisme), qui se trouverait sacrifié sur l'autel du climat. L'État devrait prendre à sa charge une partie conséquente des reconversions nécessaires. Et les stewards et hôtesses qui poussent un chariot dans les couloirs de l'avion pourraient apprendre à conduire ce même chariot dans les couloirs d'une école ou d'un hôpital. Les activités de soin et d'attention à autrui, qui réclament des qualités sensori-motrices et psychologiques absentes à jamais des robots et des logiciels, ne tomberont jamais sous le coup d'une restriction écologique et sont appelées à se multiplier dans le futur.

Néanmoins, pour ne pas sacrifier les producteurs et donner quelques bulles d'oxygène au génie créatif des inventeurs en réorientant l'activité, les vols autorisés pourraient se trouver scindés en deux catégories. Il y aurait les vols considérés comme réellement indispensables (un proche mourant, une intervention chirurgicale, un événement familial, une rencontre non exécutable par écran) et tous les autres. Pour cette deuxième catégorie, les citoyens consultés pourraient accepter (à l'issue de délibérations) que les vols en question fassent l'objet d'un marchandage économique, et que les personnes qui en ont les moyens les rachètent à bon prix (le marché s'en chargerait) à ceux qui préfèrent le gain monétaire au survol des étendues turquoises de notre planète. Les 80 % de Terriens qui n'éprouvent pas la moindre excitation à quitter le sol pourraient revendre à prix très élevé ce qui permettra à l'un quelconque des vingt autres pourcents un ultime séjour en Thaïlande ou Californie. En substance, une partie des vols deviendrait comme « bien publics » et l'autre, comme aujourd'hui pour l'essentiel, « biens privés », et ce seraient les citoyens qui s'accorderaient sur cette distinction délicate.

Les vols « bien publics » seraient assujettis à un mode de régulation et de restriction propres à ce type de bien, sous la loi de l'État. Quant aux vols de type « privés », ils seraient régulés par le marché. L'idée est de maintenir une technologie et une expertise de très haut niveau, tout en atténuant son terrible impact écologique, d'abord par la restriction puis, graduellement avec le temps, on l'espère, par la technologie.

CHAPITRE 2

Du carbone à bon compte

Parmi les idées les plus radicales que l'on trouve chez les plus catastrophés des essayistes, afin d'inciter les humains à un comportement davantage aligné sur l'urgence climatique, on trouve celle du « compte carbone individuel ». Elle a germé dès les années 1990 dans l'esprit d'un David Fleming, figure très populaire des mouvements écologistes britanniques, et de Tina Fawcett, professeur d'économie à l'Université d'Oxford. Les ministres de l'Environnement sous les gouvernements de Tony Blair et Gordon Brown en ont sérieusement envisagé la mise en œuvre.

Sous la plume de David Fleming[1], ces crédits carbones portaient le nom de TEQs (pour *Tradable Energy Quotas*), mettant en avant la création d'une bourse d'échange. Dans la littérature scientifique anglaise, on les évoque souvent sous le nom de PCT (*Personal Carbon Trading*). Plus récemment,

1. Notamment dans son ouvrage majeur *Lean Logic : A Dictionary for the Future and How to Survive it*, publié à titre posthume chez Chelsea Green Publishing en 2016, et qui eut un retentissement considérable en Grande-Bretagne.

on retrouve ce compte carbone individuel dans les ouvrages ou les interventions publiques de Thomas Piketty[1], David Van Reybrouck[2], Dominique Méda, Sandrine Rousseaux et Pierre Calame. Cette idée fait également l'objet d'un site Web plutôt riche d'information et de témoignages, comptecarbone.cc. On le retrouve enfin avancé par des élus, principalement de la mouvance écologique, et sans surprise les plus radicaux, comme (une autre) Sandrine Rousseau[3] et Yves Cochet.

La raison d'être du compte carbone individuel et son mode opératoire sont très simples, ce qui en explique la force et l'évidence. Respecter les objectifs de la COP 21 (la 29 se tenait en décembre 2024 sous des auspices que l'élection de Trump ternissaient) exige que chacun d'entre nous réduise par cinq ses émissions carbones d'ici 2050. Autrement dit, il faut passer de l'émission individuelle de dix tonnes par an à deux tonnes dans les vingt-cinq ans à venir, si l'on espère encore plafonner le réchauffement climatique autour des 1,5 degré (valeur minimale déjà largement remise en question par la plupart des climatologues car nous y sommes déjà et les plus réalistes d'entre eux prévoient un réchauffement de quatre degrés à l'horizon 2100) pour maintenir l'habitabilité de notre planète.

1. Dans différentes chroniques et interventions dans les médias.

2. Un chapitre lui est entièrement consacré dans son ouvrage *Nous colonisons l'avenir*, paru chez Acte Sud en 2023.

3. Il y a ici souvent confusion entre deux personnes : Sandrine Rousseaux, chercheuse en économie, et Sandrine Rousseau, également chercheuse en économie mais aussi élue écologiste, confusion qui se trouve accrue par leur intérêt commun pour la transition écologique et une certaine radicalité dans les solutions envisagées pour y faire face.

À chaque achat de quelque bien qui soit, à chaque consommation de quelque bien ou de quelque prestation qui soit, notre compte carbone, dont le montant pour l'année est fixé au début de celle-ci, diminue d'un montant équivalent aux émanations de CO_2 ou autre gaz à effet de serre dont cet achat se trouve responsable. Avec la même facilité et la même universalité qu'un compte en banque ponctionné à chaque achat, le compte carbone agit en points ou unités carbone. Nos consommations s'en trouveront donc limitées par le montant initial. De surcroît, afin d'accélérer cette trajectoire vertueuse (et tenter de respecter les accords de Paris), aux dires des auteurs qui en préconisent l'usage, ce montant devra se voir diminuer de 6 % tous les ans.

Faire un plein d'essence, réserver un billet d'avion (ici, précisons que la limitation des quatre vols disparaît, absorbée par cette mesure plus englobante, chaque vol ne se ramenant plus qu'à une quantité de points carbone), honorer sa facture d'électricité et de gaz, acheter un kilo de viande rouge ou un nouveau smartphone, feront diminuer le compte carbone d'un montant équivalent à l'impact en CO_2 provoqué par chacun de ces achats. Tout comme on utilise son smartphone pour s'acquitter d'un achat d'un montant renseigné par QR Code, on utilise ce même smartphone pour s'acquitter d'une consommation CO_2 renseignée par QR Code. Sur le papier et dans les processeurs de nos smartphones, il est difficile de faire plus simple. Chacun, conscient du solde restant et de l'équivalent en point carbone de tout achat ou consommation, aura la liberté d'arbitrer.

Associé à ce système, dans l'esprit de ceux qui le promeuvent, il est également question d'un marché de ces quotas carbones, à des fins de justice sociale, permettant aux petits consommateurs, souvent économiquement plus modestes, de vendre leur surplus aux gros consommateurs. Je reviendrai sur cette possibilité à laquelle je n'adhère pas totalement car elle réencastre un mécanisme de l'économie de marché et ses probables dérives en termes d'inégalité dans un mécanisme qui devrait idéalement s'en défaire.

Sans surprise, Tina Fawcett[1] est consciente qu'un tel compte carbone individuel n'est rendu possible que par l'existence de dispositifs informatiques, à commencer par la possession d'un smartphone (mais pas uniquement), qui rendent possible pour chacun le suivi de son compte carbone, et de simuler l'impact sur celui-ci des achats à venir. Profilage (accepté même souhaité), recommandation, simulation, arbitrage…, un large pan de l'informatique moderne, du Big Data, de l'IoT (*Internet of Things*) et de l'intelligence artificielle, se trouve mobilisable afin de maîtriser et d'adapter ce compte carbone.

Dans une récente revue de la littérature scientifique consacrée à ce mécanisme (plus de mille publications ont été scrutées à la loupe), des chercheurs chinois insistent sur l'impact des technologies digitales les plus récentes qui peuvent grandement contribuer à en faciliter la diffusion, l'adoption et la mise en œuvre. Avec la Grande Bretagne, la Chine est l'autre pays où un tel dispositif (appelé *Tan Pu Hui*) a été largement

1. Cette auteure en parle sur le site Web comptecarbone.cc.

discuté jusqu'à être expérimenté dans la province de Guangdong et la ville de Shanghai. Cette version chinoise présente un caractère essentiellement économique, en mettant très en avant le marché d'échange des unités carbone et les récompenses financières prévues pour les comportements vertueux. L'article se conclut en ces termes :

> En conclusion, le PCT [*Personal Carbon Trading*] a un immense potentiel pour promouvoir le développement durable, atténuer le changement climatique et réduire les émissions de carbone. Les recherches futures et l'élaboration de politiques devraient aborder les défis liés à la mise en œuvre du PCT, se concentrer sur l'amélioration de la base théorique systématique, l'incorporation des technologies de pointe et l'intégration des pratiques politiques pour garantir l'efficacité et la durabilité de la mise en œuvre du PTC. Ce faisant, le PTC peut apporter une contribution significative aux objectifs mondiaux de réduction du réchauffement climatique, en promouvant le développement durable et l'équité sociale[1].

Parmi les principaux postes d'émission de gaz à effet de serre, il y a le transport (on a mentionné les vols d'avions, il y en a bien d'autres), le logement (par exemple la consommation électrique, de gaz ou de pétrole que les compteurs répercutent sur le compte carbone individuel), l'achat des biens et

1. « Rethinking personal carbon trading (PCT) mechanism : A comprehensive review », par Yun-En Tang *et al.*, paru en 2023 dans *Journal of Environmental Management*.

l'alimentation (un régime carné est considérablement plus dommageable pour la planète qu'un régime végétarien). Comme on peut aisément l'imaginer, chacune des consommations que ces activités engendrent (habiter, se déplacer, se vêtir, se distraire, se cultiver, se soigner, se nourrir...) est facilement traçable et prévisible au moment de l'achat.

CIBLER LES PRODUCTEURS, MAIS COMMENT ?

Au-delà de l'effet dissuasif sur les consommateurs, les producteurs seront également impactés. Les débats ont toujours fait rage sur les premiers leviers à actionner pour diminuer nos émanations de gaz à effet de serre : qui cibler prioritairement, les producteurs ou les consommateurs ?

Bill Gates, dans son ouvrage intitulé *Climat, comment éviter un désastre*[1], épingle comme principaux responsables de la production des gaz à effet de serre : les industries manufacturières (les cimenteries, la sidérurgie, le secteur de la chimie) à 31 %, les centrales électriques à 27 %, l'agriculture à 19 %, le transport à 16 % et l'habitat à 7 %. Ce sont surtout les producteurs que l'on doit viser. Selon lui (sans surprise connaissant son parcours et son statut), le progrès technologique pourrait considérablement aider à réduire cet impact

1. Paru en français chez J'ai Lu (Paris) en 2022.

dans tous les secteurs industriels (biocarburant, viande végétale, fertilisant neutre au plan carbone, capture du CO_2, fission et fusion nucléaire, nouvelle génération de centrales nucléaires, alternatives renouvelables, plastique recyclable, hydrogène...).

On imagine aisément qu'il sera plus facile de coloniser Mars que de faire du créateur de Microsoft un décroissant : dans ses propositions, nulle mention d'une incitation à plus de sobriété de la part des consommateurs. Gates privilégie la politique dans son pouvoir de coercition sur les entreprises (réduire leur impact CO_2), puis accorde toute sa confiance à la technologie (booster la réduction de CO_2) et au marché (que les prix s'ajustent et avantagent les petits pollueurs) pour accompagner ces restrictions. À le lire, le politique trace les lignes d'un terrain de jeu, la viabilité planétaire, dans lequel l'économie et la technologie tenteront de maximiser les gains et les innovations. On peut pourtant douter du rôle central qu'il accorde au politique quand on constate, après toutes ces années et toutes ces conférences COP, les compromissions (lobbying aidant) et les démissions de cet acteur central, dès qu'il s'agit d'imposer aux industriels des obligations environnementales. Au reste, de nombreux dirigeants européens ont récemment exigé une pause dans le « Green Deal » d'Ursula Von Der Leyen et sa neutralisation carbone, arguant de la perte de compétitivité vis-à-vis des producteurs asiatiques ou d'autres sources de diminution de profit. C'est principalement du côté des agriculteurs qu'une telle pause a été réclamée à corp et à cri, mais les constructeurs automobiles s'y sont vite associés, encore impréparés et rétifs à un abandon trop rapide des moteurs thermiques.

Il est difficile de ne pas sympathiser en revanche avec les prises de position sincères et légitimes (car aux limites du désespoir) de la célèbre activiste Naomi Klein, qui épingle le capitalisme, le marché et le néolibéralisme comme les principaux responsables des dérèglements climatiques. Au rebours des économistes qui perçoivent les catastrophes environnementales comme autant d'externalités négatives qu'une ré-internalisation par le mécanisme du pollueur/payeur pourrait corriger, Klein redonne toutes ses lettres de noblesse au rôle de l'État et à la planification intensive. Le climat étant par nature le bien commun le plus fondamental, il exige des réponses à la hauteur, que seul un État planificateur et fortement contraignant peut s'autoriser :

> La réponse au changement climatique exige que l'on rompe avec chacun des principes qui caractérisent le fonctionnement soi-disant autonome et optimal du marché, et qu'on le fasse avec la plus grande urgence. Nous devons reconstruire toute la sphère publique, inverser toutes les privatisations, relocaliser une large part de notre économie, freiner toute la consommation superficielle et abusive, réglementer de manière massive, taxer les entreprises polluantes, aller jusqu'à les nationaliser, couper dans les dépenses militaires et nous acquitter de nos dettes envers les pays du sud global[1].

1. *On Fire : The Burning Case for a New Green Deal*, paru chez Penguin en 2019, cité ici dans sa traduction française, *Plan B pour la Planète. Le* New Deal *vert*, Paris, Babel, 2022.

ON VOTE AUSSI AVEC SON PORTEFEUILLE

L'idée du compte carbone individuel mettant en avant les consommateurs ne restera donc pas sans répercussion sur les arbitrages nécessaires en direction des producteurs et des évolutions technologiques. Si l'on supprime tous les intermédiaires (dont le plus central, l'État) entre les producteurs et les consommateurs, ou toute forme d'interventionnisme dans le rapport qu'ils nouent, comme se plaisent à l'imaginer les partisans de l'économie de marché (qui poussent l'État dans ses derniers retranchements), il est clair que les décisions des consommateurs ne resteront pas sans impact sur les choix des producteurs. En clair, on peut transposer la loi de l'offre et la demande aux seules dépenses de CO_2, et considérer que les consommateurs portant leur choix sur des produits à faible impact inciteront les producteurs à rivaliser de créativité pour enrichir leur offre dans ces produits-là. Les industriels n'auront d'autre alternative que de centrer leur offre sur des produits à faible rejet de CO_2 pour en maximiser l'écoulement auprès de leurs clients.

On conçoit par là la genèse d'un cercle vertueux incitant tant les consommateurs que les producteurs à impliquer bien davantage le facteur dégradation de l'environnement dans quelque décision qu'ils prennent. Par exemple, plus nous sommes nombreux à modifier nos régimes alimentaires (moins de viande), plus les marques seront obligées de s'adapter en produisant davantage de produits véganes ou les viandes de composition végétale. Même les forêts tropicales du Brésil s'en porteront mieux, victimes d'un déboisement scandaleux que la culture du soja entraîne, soja qui lui-même constitue l'aliment essentiel des bovins qui remplissent nos assiettes (sans même parler de leurs flatulences méthanisées).

Le client n'est-il pas roi ? Son sceptre ne pourrait-il pas apparaître comme la meilleure et plus urgente manière de verdir notre monde ? Bien souvent, en régime libéral, c'est le portefeuille du consommateur qui a le dernier mot. Et même si les penseurs plus marqués à gauche s'inquiètent d'un mode d'action qui échappe aux laissés-pour-compte, pourquoi ne pas encourager (voire contraindre) les plus favorisés à privilégier ce mode d'action ? S'il est exact que ce sont eux qui souvent bénéficient d'une alimentation plus seine mais plus chère dans le même temps, la pression qu'ils exercent sur les agriculteurs devrait idéalement rendre les produits bios, en augmentant leur production, graduellement plus accessibles aux bourses moins garnies. La seule vertu reconnue par tous à l'économie de marché est d'inciter les producteurs, par le signal prix, à augmenter la production de ce qui plaît aux consommateurs et d'en diminuer automatiquement le prix. Si ce qui plaît tend également à freiner l'évolution catastrophique du climat, le consommateur, même le plus fortuné et même le plus avide, fera d'une pierre deux coups.

Bien évidemment, l'interdiction d'achat pour les personnes ayant atteint leur quota carbone est en principe très facile à implanter au moyen des dispositifs informatiques qui aujourd'hui tracent, suivent, simulent, recommandent et autorisent nos actions. Que ces points carbones soient enregistrés sur un serveur central ou uniquement présents sur le smartphone du consommateur, la mise en correspondance du montant des achats avec le solde carbone stocké sur l'un ou l'autre de ces disques durs, le dispositif est algorithmiquement d'une simplicité parfaite. Chaque produit, du litre d'essence au kilowatt/heure ou à la paire de chaussette (confectionnée en Chine et donc plus onéreuse au plan carbone), sera évalué en termes de points carbone prélevés sur le compte carbone de l'acquéreur. Les producteurs et tous les intermédiaires qui le conduisent sur les étals ou sur le Web, auront l'obligation de renseigner ces deux prix, le premier en argent véritable, le deuxième en points carbone – *via* un simple QR code que le smartphone saura utiliser.

POURRA-T-ON ENCORE MANGER DES BANANES ?

Dans son livre *Peut-on encore manger des bananes ?*[1], Mike Berners-Lee reprend par le menu l'empreinte carbone de tous nos faits, gestes et consommations. Notre quotidien est passé au crible de sa comptabilité carbone. Il pointe nombreuses de nos contradictions ou de nos idées reçues. Il nous incite à trouver des alternatives très pratiques pour réduire

1. Paru chez l'éditeur L'arbre qui marche (Paris) en 2024.

notre empreinte carbone, et améliorer notre qualité de vie en étant bien davantage « écoconscient ».

Cet auteur pousse le bouchon très loin : on apprend ainsi que cinq minutes de connexion réseau avec son smartphone émet 5 grammes de CO_2 (et acquérir ce même smartphone, 30 000 grammes), manger une pomme locale et de saison 32 grammes (contre 110 grammes pour une banane importée par bateau, d'où le titre de l'ouvrage). En le lisant, on se convainc de la possibilité de répercuter le moindre de nos gestes sur un compte carbone.

Dans un article du journal *Le Monde* à plus large spectre, on apprend que prendre un vol Paris-New York nous coûte 2 tonnes de CO_2, composer son alimentation de 10 % de viande et de poissons 1,6 tonne, rouler 12 000 km en voiture 3,4 tonnes, se chauffer au gaz pendant un an 2,7 tonnes et utiliser son sèche-linge pendant un an 0,01 tonne[1]. On voit à quel point il est aisé et rapide d'arriver à 10 tonnes par individu en moyenne, et combien il devient particulièrement difficile aujourd'hui de réduire cela d'un facteur cinq pour se limiter à deux : un seul vol long-courrier, et notre quota s'en trouve épuisé.

Tous ces chiffres n'ont d'autre finalité que de prouver par l'absurde la simplicité avec laquelle il est devenu possible de tracer et de comptabiliser notre empreinte carbone, pour répercuter chacun de nos achats, chacune de nos envies, chacune de nos consommations, sur notre compte carbone individualisé.

1. Dans l'édition du 4 août 2022, rédigé par Adrien Sénécat, Léa Sanchez et Mélina Zerbib.

CONCEVOIR UN SYSTÈME JUSTE

Si un dispositif légal réussissait à imposer ce principe du compte carbone individuel, il n'en reste pas moins que de nombreux diables se cacheraient dans les détails de cette algorithmisation à marche forcée en facilitant pourtant la mise en œuvre. Relisons les propos de l'économiste Antonin Pottier, d'une belle lucidité :

> Si l'allocation des quotas aux individus sur une base égalitaire satisfait a priori notre sens de la justice, une analyse plus attentive fait apparaître une réalité plus contrastée. En effet, les émissions, comme les niveaux de vie, dépendent des caractéristiques démographiques dans lequel vivent les individus. Pour un même revenu total, un couple vivant sous un seul toit aura un meilleur niveau de vie que deux personnes vivant séparément. Et ses émissions seront moindres que la somme des leurs. Distribuer les quotas aux individus sans tenir compte de leur foyer, opère donc une redistribution des personnes vivant seules vers les personnes vivant en couple. Autre problème analogue : les enfants ont des besoins moindres que ceux des adultes. Donner à chaque individu le même quota carbone, c'est avantager les familles par rapport aux couples ; ne donner un quota carbone qu'aux adultes, c'est désavantager les familles. L'égalité ne semble guère ici garantir la justice. Le même phénomène se retrouve dans ce qu'on peut appeler les inégalités horizontales, qu'on définit par opposition aux inégalités verticales,

c'est-à-dire liées à l'échelle des revenus. Une analyse des émissions des ménages français montre qu'à tout niveau de revenu, elles présentent de fortes disparités, liées pour partie à des effets structurants du territoire, sur lesquels les ménages n'ont pas de prise. Ainsi, le tissu urbain (centre-ville, banlieue, campagne) conditionne pour une large part la nature des trajets et les moyens de transport pour les effectuer. Il en résulte qu'à revenu donné, un ménage rural émettra plus qu'un ménage urbain[1].

Antonin Pottier remet en cause ici l'allocation d'un quota équivalent à tous les individus, conscient qu'il est des différences évidentes de consommation de certains biens qui ressortissent de la responsabilité de chacun. Ce même auteur se méfie des solutions trop technocratiques, qui, selon lui, auraient beaucoup de mal à réconcilier l'écologique et le social, peinant à prendre en compte toutes les subtilités contextuelles soucieuses de justice sociale. On ne naît pas tous avec la même propension à émettre du CO_2. Par exemple, il est évident qu'une famille vivant sous un même toit consommera beaucoup moins d'électricité et de chauffage (à forte empreinte carbone) qu'un individu vivant seul dans son habitat. La question se pose donc d'imposer un quota unique par ménage ou par habitation pour certains biens, tel ici l'électricité ou le chauffage. S'il est vrai qu'un litre d'essence émet à la consommation la même quantité de CO_2 pour

1. Dans son article « La carte carbone peut-elle être simple, efficace et juste ? », disponible à l'URL : https://www.economie.gouv.fr/igpde-editions-publications/carte-carbone-n11

quelque conducteur que ce soit, l'existence possible d'une alternative plus écologique devrait peser sur la déduction résultante de son quota. Les aliments gras, sursaturés mais à portée de bourse, risquent de se trouver parmi les plus émetteurs de CO_2 lors de leur fabrication, en sus de dégrader la santé de ceux qui s'en nourrissent.

LA MULTIPLICATION DES « SI... ALORS »

Le projet de la taxe carbone en France a fait réagir beaucoup plus violemment les personnes de la ruralité, très dépendantes de l'utilisation de leur voiture, un usage que l'on sait très conséquent en termes d'empreinte carbone. Cette prise en compte de tous les particularismes, nécessaire au respect de l'esprit de justice sociale idéalement inhérente au compte carbone individuel, complexifie l'établissement initial de ce compte, mais également la dépense résultante de chacun des usages, et ce en fonction de la catégorie sociale et professionnelle des usagers, et de la possibilité ou non d'une alternative plus écologique facilement accessible. Imposer une voiture électrique à tous n'a pas de sens, si l'on n'en adapte pas le prix en fonction des revenus, des usages et de l'existence d'alternatives plus vertes. La révolte des Gilets jaunes face à la hausse des prix du carburant n'aurait sans doute pas eu lieu si une aide financière conséquente pour l'acquisition d'un véhicule électrique avait été proposée aux automobilistes les plus dépendants et les plus démunis. En somme, si l'on ne parvient pas à contrer toute corrélation inverse entre le prix d'acquisition d'un bien et l'empreinte carbone de ce même bien, le compte carbone individuel n'a aucune chance de s'imposer. Idéalement, pour les produits de première nécessité, le prix carbone devrait s'aligner au mieux avec le prix coûtant, pour que toutes les nécessités faisant loi convergent vers celle de sauver la planète.

Comme pour les quatre vols d'avion, mais ici dans une version considérablement élargie, la prise en considération de tous ces particularismes (dont la quantité et la diversité seront considérables) et leur intégration dans l'algorithme en charge de l'établissement initial du quota et de son débours à chaque consommation, ne pourra se faire sans une concertation citoyenne ayant comme objectif l'établissement et la mise en œuvre de l'algorithme final. Qui pourra recevoir plus que la moyenne nationale (en se limitant à l'échelle d'un pays, bien que rien n'empêche une telle algorithmisation de s'étendre à la planète entière) et pourquoi ? Pour rester sur les exemples qui précèdent (mais il en existe pléthore d'autres) : garderions-nous le principe d'un quota égal par individu en divisant par exemple par le nombre composant le ménage le budget électricité et chauffage, et en comptabilisant bien davantage le budget essence des personnes vivant en ville par rapport à celles qui vivent à la campagne ?

La granularité de tels particularismes ainsi que leur prise en compte semblent en effet sans fin. Il serait ainsi injuste de pénaliser une personne pour sa consommation de viande rouge si son médecin a constaté une carence sévère en protéine carnée, injuste de pénaliser un agriculteur éloigné de tout arrêt de bus de prendre son véhicule pour conduire ses enfants à l'école. En revanche, les achats d'habillement neuf (différencions-les, là encore, de ceux de seconde main) pourraient impacter de la même manière tous les individus, certaines chemises en tissus léger idéales pour les climats chauds s'avérant souvent toute aussi polluante à produire que des chandails en laine ou des manteaux fourrés. Tout cela n'effraie en rien l'informaticien, qui peut adopter son code à toutes les situations et à chaque cas particulier, multiplier les « Si... alors » et les conditionnels, si les citoyens se sont finalement accordés sur le fonctionnement et les adaptations fines de l'algorithme.

LES DANGERS DE LA SPÉCULATION

Dans sa définition originale, le compte carbone individuel autorise un système d'échange des quotas entre les émetteurs, permettant éventuellement à des personnes modestes de se renflouer en négociant et vendant aux plus offrant leurs quotas excédentaires. Alors que l'économiste Antonin Pottier y voit un système de redistribution qui ne dénature pas le caractère de justice sociale de la proposition originale, j'ai du mal à suivre cette argumentation. Un tel marché de quotas carbones est évidemment la réplique, à micro-échelle, du système dit de « *cap and trade* » mis en place par la Commission européenne entre les grandes installations industrielles.

Cet auteur nous rappelle les dérives rencontrées, par ce système (qui a fait l'objet d'une littérature abondante chez les économistes), en particulier les fraudes massives qui l'ont assombri par soif d'enrichissement d'opérateurs financiers doués pour la spéculation :

> Si la situation du système mis en place pour les entreprises est un analogue correct, on peut prévoir que ces difficultés seront exacerbées sur le marché des quotas personnels, qui transformera potentiellement chacun en trader des quotas[1].

Ce ne sont plus les pauvres mais les plus spéculateurs, sinon les plus malhonnêtes, qui pourront s'approprier les quotas excédentaires et les transformer en monnaie sonnante et trébuchante. Malgré les possibilités offertes par la technologie digitale pour dissuader la fraude et aligner l'intérêt de chacun sur celui de la collectivité (voir, par exemple, le fonctionnement des cryptomonnaies et de la blockchain), les périodes de crise et les mécanismes de quotas mal pensés sont autant de portes béantes à la tricherie généralisée.

1. A. Pottier, « La carte carbone peut-elle être simple, efficace et juste ? », art. cit.

HOMO ŒCOLOGICUS VERSUS *HOMO ŒCONOMICUS*

Au-delà de ces critiques propres à tout système de marché, incitant chaque pollueur à exacerber la portée de son intérêt propre et son appétit insatiable de profit, l'*homo œcologicus* s'accordant rarement avec son alter œconomicus, on peut très légitimement questionner la possibilité pour les plus riches d'accroître leur nuisance environnementale sur le dos des plus pauvres. Il est largement accepté et documenté que la quantité de gaz à effet de serre émise par chacun est assez précisément corrélée avec son salaire et ses avoirs financiers. Nous l'avons déjà discuté pour les vols d'avion : est-il juste que les plus fortunés s'accordent le droit de survoler les continents en privant de ce droit ceux que la vie n'a pas financièrement gâté ? Peut-on, pour les quotas carbones, soumettre tous les achats polluant aux mêmes mécanismes de marché, que l'on sait profiter bien davantage à une catégorie d'individus plus intéressée et plus calculatrice ?

Au risque d'une première simplification grossière, il devrait être possible de séparer l'acquisition de nos biens en deux catégories, ceux de première nécessité et les autres, de prestige ou de distinction. Ces derniers, comme l'ont fort bien analysé les économistes Richard Easterlin et Daniel Cohen[1], sont sujets par

1. Notamment dans son dernier ouvrage *Une brève histoire de l'économie*, posthume, paru chez Albin Michel en 2024. Il reprend

nature à la rivalité mimétique. Il devrait être possible de différencier la baguette de pain et la boîte d'aspirine des autres biens, telle la voiture de luxe, la taille du barbecue ou la montre Cartier, qui sont, eux, plus susceptibles de s'ériger en trophée et en marque distinctive des plus aisés.

Pour ces plus fortunés, dont l'appétit d'avoir est fonction de la marche du podium, on pourrait admettre que cette rivalité ostentatoire se mue tout naturellement en compétition économique. Cette comparaison laisse très largement à désirer (tant ce pays souffre de l'idéologie mortifère et de l'autoritarisme de ses gouvernants), mais les Cubains reçoivent un carnet de bons d'achats à des prix plancher pour des produits alimentaires considérés de première nécessité comme le sucre, le riz, les haricots et la viande. S'ils souhaitent plus (et seule une minorité corrompue de la population peut se le permettre), ils peuvent s'adonner aux joies et surtout aux affres de l'économie de marché noir afin d'acquérir ces mêmes denrées, mais à des prix abandonnés à la sauvagerie de la libre concurrence.

Ne pourrait-on pas différencier les quotas carbones en deux catégories, ceux extraits de la bourse d'échange, attribués au départ afin de satisfaire les indispensables besoins de base, et ceux dont le prix carbone serait soumis aux fluctuations du marché de ces quotas, mécanisme d'attribution d'un autre ordre, consentant le droit de toujours se pavaner aux plus

ce fameux paradoxe que l'on doit à Richard Easterlin constatant que, malgré une amélioration objectivable de notre qualité de vie, en raison de cette rivalité mimétique sans fin, les personnes ne se déclarent pas plus heureuse le temps passant.

riches, et aux producteurs de ces biens de luxe d'également rivaliser d'imagination pour donner cours à cette volonté de positionnement et de distinction sociale ? En les appariant, le marché permet de faire le bonheur des producteurs innovants, qui réussissent à cibler par leurs productions originales les consommateurs les plus aux aguets de ces trophées rares.

Cette séparation des quotas en ceux de première nécessité et ceux de distinction, est sans doute une des variantes possibles parmi beaucoup d'autres du compte carbone individualisé. Il y a là un exemple de cette troisième voie que de nombreux sociaux-démocrates poursuivent comme le Graal entre la planification et le libéralisme débridé, la quête d'une position intermédiaire socialement optimale entre l'efficience pour les produits de positionnement et l'équité pour les biens vitaux.

On ne sera pas surpris d'apprendre que le compte carbone s'accommode indéniablement d'une pratique très marquée de sobriété consumériste (expression préférable à celle, trop ambivalente, de décroissance). Ce compte carbone engage une politique de quotas et de rationnement. Parmi beaucoup d'autres décroissants, le philosophe Kohei Saito, dont le récent ouvrage intitulé *Moins*[1] a défrayé la chronique, se fait l'ardent défenseur d'un octroi aux biens d'une valeur d'usage plutôt que d'une valeur marchande, c'est-à-dire d'une production qui se concentre sur les biens nécessaires à notre bonheur premier, à nos besoins essentiels, et non à notre positionnement

1. Paru au Seuil (Paris) en 2024.

social ou à tous les autres biens qui ne produisent pas de valeur d'usage. On peut espérer que l'empreinte carbone de ces besoins premiers soit moindre. Saito se fait également l'apôtre des communs, sur lesquels nous reviendrons.

LE UN POUR CENT FRANÇAIS

D'aucuns s'inquiètent de cette sur-responsabilisation que devront endosser les citoyens alors que de meilleures infrastructures publiques et des industriels plus vertueux pourraient faire une large part du chemin qui nous conduirait tous ensemble vers les objectifs de la COP 21. Ils versent parfois dans un « à-quoi-bonisme » bien opportun, en rappelant que le France n'est responsable que d'un pour cent des émanations mondiales de CO_2, et l'Europe de neuf pour cent. « Commençons par les Chinois et les Américains ! », clament-ils. Une réponse toute simple est que réduire ce un pour cent sera toujours mieux que de ne rien réduire, et que les petits ruisseaux finissent par faire les grandes rivières, comme dit la sagesse populaire. Il ne faut pas négliger l'effet d'exemplarité qu'un pays vertueux peut avoir sur les autres. Les Accords de Paris obligent la France à une réduction très importante de sa production de CO_2, de 55 % d'ici 2030 par rapport à son niveau de 1990, ainsi que la neutralité carbone à atteindre d'ici 2050 (ce qui impose une réduction cette fois de 90 % par rapport à 1990).

Par ailleurs, ce même « un pour cent » est très largement remis en cause par les économistes car, d'après eux, il se restreint au circuit local et ne prend pas suffisamment en compte l'impact carbone des produits importés. On l'entend suffisamment : « La Chine est l'usine du monde », et la France importe une quantité plutôt conséquente de son empreinte carbone. Si l'on tient mieux compte de ses importations, ce pays voit son empreinte doubler au minimum[1]. Où l'on comprend également le grand avantage de cette comptabilité carbone, qui peut répercuter sur le prix carbone l'impact de la conception des produits, y compris dans les pays d'origine, ainsi que tout le CO_2 émis par leur transfert. Un même t-shirt produit localement en France coûte beaucoup plus cher en euro sonnant et trébuchant que son équivalent produit en Chine, mais son prix est nettement compensé par sa valeur carbone.

Même si, tout bien pensé, il n'y a rien de plus universalisable ni de plus efficace qu'un dispositif informatique (les GAFAM nous le démontrent à l'envi), tout est donc bon pour inciter les citoyens pollueurs à fermer les yeux sur le rôle qu'ils peuvent jouer à titre personnel. Comme l'écrit Benoît Frydman[2], très opposé au principe du compte carbone individualisé,

1. On lit dans un article du journal *Le Monde* du 18 novembre 2024 intitulé « Les émissions de gaz à effet de serre importées, angle mort de l'impact climatique des pays riches » : « Quand on achète des produits qui viennent de loin, il faut se poser la question de l'ambition climatique et de l'empreinte carbone de ces pays : est-ce qu'on ne déplace pas tout simplement le problème climatique ? »

2. Lors de nos nombreuses discussions et dans un livre à paraître.

notamment en raison de la mise en place de capteurs intelligents de consommation électrique qui peuvent se faire une idée très précise de nos modes de consommation en vue d'une éventuelle diminution :

> L'installation de ces capteurs constitue l'infrastructure technique de la régulation normative des émissions de carbone au niveau des ménages et des individus ou des entreprises. Leur exploitation à des fins de taxation, de gestion de quotas ou éventuellement de contraintes directes des comportements, manifestent l'ingérence des dispositifs de régulation et de contrôle à l'intérieur de la sphère domestique, qui relevait jusqu'ici du domaine de la vie privée, voire de l'intime.

Ces critiques plaident en général davantage pour la mise en place du volet politique, technologique et industriel de la transition, et s'offusquent d'un doigt accusatoire qui serait pointé sur chacun d'entre nous. Par exemple, sur le sujet de la mobilité, des transports publics plus efficaces et idéalement gratuits inciteraient la majorité des automobilistes à se débarrasser une fois pour toute de leur véhicule. Bien sûr, pour les quelques irréductibles du plaisir infini de conduire, la voiture ayant pour eux bien d'autres vertus que celle du transport, le compte carbone resterait un dissuasif important, mais le jeu vaut-il la chandelle de s'inquiéter pour cette portion congrue ? Bruxelles, où je vis depuis mon enfance, a considérablement étoffé son réseau de métros, bus et trams. Dans le même temps, la ville n'a connu aucune décongestion conséquente du trafic automobile ; ce serait même plutôt le contraire, amenant la puissance publique belge à réfléchir sérieusement à une taxe dont devraient s'acquitter tous les automobilistes entrant dans Bruxelles. On a suffisamment documenté le fameux effet rebond, lorsque la mise en place d'une technologie vertueuse incite les adeptes de cette technologie à accroître son utilisation, pour renforcer l'argumentaire en faveur du compte carbone individuel qui, lui, ne connaîtra nul rebond.

Comme le dilemme du prisonnier nous l'enseigne depuis plus de soixante-dix ans, pourquoi me priverais-je de ce vrombissement jubilatoire si les autres s'inquiètent pour moi de leur empreinte carbone en échangeant leur véhicule contre un vélo ou un abonnement de bus ? Au contraire, j'y vois l'occasion d'afficher ma différence. Malheureusement, surtout en période de crise, les incivilités se multiplient et se propagent. Le ministre des Transports français[1] le constatait récemment en plaidant pour beaucoup plus de vélos, de marche et de véhicules partagés : « Les Français effectuent chaque année mille milliards de kilomètres, dont 82 % en voiture ou en deux-roues motorisés. » De plus en plus de passagers indifférents à l'ébullition de notre planète et aux émules de Greta remplissent également les rangées des avions.

1. *Le Monde*, 4 novembre 2024.

CRITIQUES DE LA GOUVERNANCE ALGORITHMIQUE

Côté technique, tous les ingénieurs savent que même des améliorations considérables dans la technologie aérienne (carburant hydrogène ou solaire, meilleure aérodynamisme...) ne permettront pas à toutes les familles de passer un week-end à 2 000 km de leur lieu de vie, à la suite de quelques heures entassées dans des avions bleus et jaunes. Réparer toutes les fuites, récupérer toutes les eaux de pluie, désaliniser quelques hectolitres d'eau de mer, c'est bien, mais certainement loin d'être suffisant pour épargner cette ressource qui n'a de cesse de se raréfier. Demain, comme déjà dans de nombreuses régions du monde, nous ne pourrons que boire et laver l'essentiel. Il faudra que les robinets s'y emploient, connectés à un processus de rationnement automatisé. Comme nous l'indique le rapport récent publié sur le site du *think tank* Terra Nova :

> Jusqu'à présent, la décarbonation en Europe touchait des centres de gros émetteurs (centres industriels, centrales électriques) disposant de marges d'efficacité ou d'alternatives plutôt simples à mettre en œuvre (comme le remplacement de centrales à charbon par du gaz naturel). Dans les années qui sont devant nous, la décarbonation en Europe va petit à petit devoir toucher des secteurs ou des acteurs qui ont moins d'alternatives, des émissions plus diffuses (petites industries, agriculteurs) ou encore les

> modes de vie des citoyens eux-mêmes (transport routier, logement). Et soulever de manière beaucoup plus aiguë des questions d'équité entre acteurs, entre secteurs ou entre pays, ou des questions de soutenabilité et d'accompagnement[1].

On peut en déduire qu'avec le temps, l'effort sur l'empreinte écologique devra se porter toujours plus sur les derniers maillons de la chaîne économique : les consommateurs, vous et moi.

On doit un autre exemple à Grégoire Chamayou qui, dans *La Société ingouvernable. Une généalogie du libéralisme autoritaire*[2], dénonce cette responsabilisation outrancière des individus, procédé qu'il juge liberticide, en le qualifiant d'une des principales tactiques du néolibéralisme éthique : le remplacement des bouteilles en verre (et de la pratique de la consigne) par des canettes en métal ou en plastique a permis aux industriels et aux administrations publiques de se débarrasser du fardeau des consignes au prix de milliers kilomètres carrés de décharges additionnelles. Chamayou précise qu'on gouverne ainsi les conduites par l'activation des bonnes volontés, par la stimulation d'une participation volontaire plutôt que par la contrainte juridique de l'opérateur à la source du problème (ici, les brasseurs et limonadiers). Les individus sont sommés de se prendre en main pour corriger une situation qui n'avait pas lieu d'être.

1. Publié à cette URL : https://tnova.fr/democratie/politique-institutions/le-pacte-vert-europeen-un-bilan/
2. Paru à La Fabrique (Paris) en 2019.

De nombreux critiques de la gouvernance algorithmique, tel Evgeny Morozov[1], voient dans la possession d'un smartphone, avec ses multiples applications addictives et la surveillance qu'elles exigent pour nous cibler au mieux, autant de moyens mis à disposition des gouvernants pour sur-responsabiliser les individus tout en démissionnant de leur mission première : les assister à leur assurer le bien-être. Ils accusent ce solutionnisme technologique d'apporter de bien confortables réponses à nos gouvernants, alors même que les véritables problèmes n'ont pas été suffisamment bien posés à l'échelle sociale qu'ils méritent.

QUATRE SCÉNARIOS POUR LA TRANSITION ÉCOLOGIQUE

L'économiste Céline Guivarch, coauteure du Groupe 3 du 6e Rapport du GIEC sur l'atténuation du changement climatique et membre du Haut conseil sur le climat, analyse les trois solutions qui nous permettraient de réduire les gaz à effet de serre : les infrastructures, les avancées technologiques et les changements socioculturels (ici donc la modification de nos modes de vie vers plus de sobriété). Selon les secteurs concernés, la répartition du poids à attribuer aux trois leviers varie. Par exemple, pour l'alimentation, les changements

1. Surtout dans son livre *Pour tout résoudre, cliquez ici*, paru aux Éditions FYP (Limoges) en 2014.

socioculturels l'emporteraient très largement, alors que pour la mobilité, ce sont au contraire les changements d'infrastructure qui endosseraient la responsabilité première. Pour l'habitat, les trois facteurs seraient d'importance équivalente. Cette répartition est d'autant moins facile à appréhender que ces trois facteurs (l'économie est ici absente) me semblent clairement s'entrelacer.

Le programme du chroniqueur Raphaël Gerson sur la station de radio France Inter (« On se décarbone ») m'a fait découvrir les quatre scénarios de neutralité carbone à l'horizon 2050 proposé par l'ADEME (Agence française pour la transition écologique[1]). On peut les situer, du premier au quatrième, sur un axe dont les extrémités seraient la sobriété individuelle d'un côté, et les innovations technologiques de l'autre. Par exemple, le premier, intitulé « Génération frugale », met très largement en avant la réduction de la consommation énergétique ainsi qu'une profonde transformation des habitudes alimentaires et de la mobilité, quand le quatrième, intitulé « Pari réparateur », table sur les solutions de géo-ingénierie comme le captage du carbone, ou l'exploitation du numérique pour une meilleure efficacité énergétique. Un scénario intermédiaire parie, lui, sur l'intensification du partage et de la coopération, ce qui ne va pas sans rappeler l'émergence des communs numériques que nous discuterons plus loin, en soutien des initiatives de regroupements et de gouvernances locales. Pour

1. On peut les retrouver sur le site Web de l'ADEME : https://www.ademe.fr/

bien marquer l'importance de la sobriété tout au long de cet axe, exemple parmi d'autres, on passe de 70 % de réduction de la consommation de viande dans le premier scénario à 10 % dans le quatrième.

L'impression générale qui se dégage, à la découverte de ces quatre scénarios, est que leurs auteurs demeurent plus que réservés sur les innovations technologiques susceptibles d'alléger chacun du poids de son empreinte écologique individuelle. Il faut également souligner le réalisme de la mise en œuvre des quatre scénarios, qui semble décroître en progressant sur cet axe, le dernier scénario dessinant des capacités réparatrices de la géo-ingénierie plus fantasmagoriques et effrayantes qu'autre chose.

Lors de la confrontation électorale récente que la France a connue à la suite de la dissolution de l'Assemblée nationale en 2024, et malgré le peu de cas qui fut fait de la transition écologique, aucun des candidats ne s'est risqué à cibler les consommateurs. Les sujets, aussi timorés furent-ils, se sont limités à l'interdiction ou non des véhicules thermiques et à quelle échéance, le recours ou non aux éoliennes pour se joindre ou non à la production nucléaire (avec leur effroyable dégradation des paysages ruraux), la rénovation des habitats pour une meilleure isolation thermique. Nul ne s'est aventuré à pointer du doigt les électeurs, déjà traumatisés par le projet d'un tout électrique hors de prix, d'une éolienne dans leur champ de vision ou de la diminution de leur ration de steak quotidien. Pourtant, on lit çà et là que la modification des comportements individuels pourrait représenter environ 25 % de la diminution des émissions de gaz à effet de serre nécessaire pour satisfaire les Accords de Paris. Sans convaincre totalement, François Gemenne écrit :

> Même si chacun vivait comme Greta Thunberg et avait d'importante capacité d'investissement, les actions entreprises ne permettraient de réduire l'empreinte carbone de chacun que de 45 %, 25 % de changement de comportement de consommateur et 20 % par des investissements individuels. [...] Au niveau individuel, « faire sa part » ne suffit pas : il ne s'agit plus d'agir chacun de son côté, comme consommateur, mais d'agir ensemble comme citoyen. Il ne s'agit pas seulement de convaincre son entourage de réduire son empreinte carbone, mais de s'organiser collectivement pour transformer les structures de décision et de production[1].

On lit aussi, mais toujours de manière assez floue, que passés les premiers 25 %, les autres 75 % relèveraient des impulsions de l'État et de la transformation des entreprises, même si, à nouveau, une telle répartition semble impossible à établir au regard de l'imbrication de tous les leviers d'action, depuis la responsabilité de l'Etat sur le comportement des individus jusque sur les choix de ces derniers dans le verdissement de l'entreprenariat. C'est l'imbrication paradoxale classique de l'inné et de l'acquis, de la poule et de l'œuf : qui a vraiment la main ?

Par ailleurs, de moins en moins d'activistes climatiques perçoivent l'État comme le partenaire idéal.

1. Dans son ouvrage *L'écologie n'est pas un consensus* chez Fayard (Paris) en 2022.

Ils se désespèrent de toute forme de planification écologique. Comme on peut le lire sous la plume d'un journaliste du *Monde* : « L'écologie reste une variable d'ajustement soumise aux crises politiques, à la conjoncture économique et à la personnalité du couple exécutif[1] ».

La ville de Copenhague est parvenue à réduire ses émissions de CO_2 de 75 % depuis 2005[2]. Chaque habitant n'est plus responsable que d'une tonne d'émission par an. Parmi les leviers que nous venons de discuter, force est de constater et d'admettre l'importance prise par les choix comportementaux des individus : pratique intensive du vélo, tri méticuleux des déchets (en dix catégories distinctes), choix d'une alimentation décarbonée, pratique de l'économie circulaire (achat intensif de vêtements de seconde main)... L'administration de la ville ne manque pas à ses devoirs écologiques par l'installation de nombreux espaces verts (autant de puits de carbone), d'infrastructures encourageant la pratique du vélo, par la rénovation des bâtiments. On distingue bien l'imbrication subtile mais indispensable des consciences et des démarches individuelles (les Danois sont à titre personnel très respectueux du collectif, caractéristique première des Scandinaves), et des initiatives administratives, en ne cherchant pas forcément à quantifier ou à relativiser l'apport de chaque partie au processus. Il n'est sans doute plus

1. Dans l'article « Transition écologique : un pilotage à la dérive », d'Audrey Garric et Matthieu Goar, *Le Monde*, 18 septembre 2024.

2. Paru dans *Le Monde* le 6 septembre 2024 sous le titre : « À Copenhague, le rêve d'une ville décarbonée ».

nécessaire pour les Danois de la capitale de télécharger sur leur smartphone un quelconque compte carbone individuel, sinon pour les inciter à plus de réduction encore ou les gratifier d'un *smiley* pour les efforts entrepris spontanément.

Une équation fameuse due à l'ingénieur japonais Yoichi Kaya lie la production des gaz à effet de serre à l'effet cumulé de la technologie (quantité de CO_2 émise par la consommation d'un bien ou d'un service) et du niveau de vie moyen (la quantité de ces biens et de ces services par personne). Cela permet de mieux distinguer les avancées technologiques, directement liées au premier terme de l'équation, des effets politiques et économiques qui, bien qu'absents de l'équation, influencent cette quantité de biens et de services attribuables à chaque Terrien. Néanmoins, l'évolution incontestablement néolibérale de nos sociétés, celle de l'individu roi, unique responsable de l'essentiel de ses choix, décideur ultime, transformant ainsi le consommateur en un acteur influent du monde à venir et qui, par ailleurs, passe un temps considérable les yeux rivés sur son smartphone, m'incite à soutenir l'idée d'un quota carbone informatisé, dont le degré de coercition doit être finement soupesé.

On continue à lire çà et là que les consommateurs sont largement moins responsables des émanations de gaz à effet de serre que les industries, les infrastructures publiques et l'agriculture. Mais ce ratio tient-il vraiment compte (et d'ailleurs, comment l'évaluer ?) du cercle vertueux qui se mettrait en place si les consommateurs (comme à Copenhague) étaient spontanément enclins à rouler moins vite, à moins voler dans les airs, à se chauffer un peu moins, à manger moins (et surtout moins de viande) ou plus bio, un cercle pour lequel c'est la demande qui verdirait l'offre et non l'inverse ?

En substance, on peut prendre la transition écologique qui s'impose par de nombreux bouts, et tous paraissent bons à cogiter, évaluer et en définitive à adopter. Freiner la consommation des biens polluants de manière brutale ou plus douce (toujours la différence essentielle entre les algos qui contraignent et ceux qui guident) est un de ces bouts, dont la facilité de mise en place et l'universalisme (comme l'utilisation d'une quelconque carte de crédit à travers la planète) n'auront d'égaux que l'impact évident sur la mise en œuvre des autres leviers. Une consommation plus sobre et plus respectueuse de l'environnement poussera les producteurs à plus d'ingéniosité technologique et encouragera, voire déculpabilisera les responsables politiques pour adapter lois et décisions à cette conscientisation à marche forcée ou plus spontanée de leurs électeurs.

On connaît de nombreux précédents historiques pour lesquels ce sont les comportements vertueux des citoyens qui ont incité les politiques à leur donner par la suite toute leur légitimité. La mobilisation d'une certaine jeunesse, les yeux rivés sur son smartphone, contre la société de consommation dont ont abusé sans vergogne leurs parents, peut nous conduire à un certain optimisme. On se rappellera, message médiatiquement très marquant, du regard assassin que Greta Thunberg jeta à Donald Trump au sommet de l'Onu sur le climat en 2019.

Chapitre 3

Pour un *coding* citoyen

J'ai eu l'occasion de justifier pourquoi le forçage algorithmique, requis pour la mise en œuvre facilitée du compte carbone individuel, ne pouvait s'obtenir sans un nouveau mode de légitimation impliquant bien davantage chaque citoyen[1]. Cette implication ne se ferait pas au détriment des élus mais en complément de ceux-ci, dans une nouvelle forme de triptyque décisionnel impliquant les élus, les experts des domaines algorithmisés et tous les citoyens. La délibération doit déboucher sur l'algorithme, le code final qui permettra d'établir les quotas carbones, de prévoir et de tracer les dépenses des citoyens, et établir les modalités d'échanges pour les produits de moindre nécessité dont on accepte la mise sur le marché.

La catastrophe climatique enjoint de nombreux auteurs à imaginer les nouveaux processus démocratiques qui inviteront les citoyens à prendre leur destinée en main à une échelle plus locale. Naomi Klein considère ainsi que la seule forme de résistance possible

1. H. Bersini, *Allons-nous donner le pouvoir aux algorithmes ?*, Paris, De Boeck Supérieur, 2023.

à un mode de développement économique et d'organisation politique nous menant droit dans le mur par ses conséquences dévastatrices sur l'environnement, est celle des communautés locales (surtout dans les régions les plus affectées) pour faire barrage à l'exploitation par de grands consortiums des derniers gisements de pétrole, des sables bitumeux (notamment dans son Canada natal) ou du gaz de schiste extrait par fracturation hydraulique de la roche[1].

De son côté, l'économiste Jeremy Rifkin plaide pour ce qu'il appelle la « pairocratie distribuée[2] », sous l'impulsion des nouvelles technologies numériques et la congruence de plusieurs déclinaisons d'Internet : de l'information, du transport, des objets et de l'énergie. Il met très en avant les infrastructures d'énergie solaire partagée ou les réseaux collaboratifs pour la construction d'objets par les imprimantes 3D dont chacun serait propriétaire.

> La pairocratie distribuée conteste la prétention de la démocratie représentative à être la seule forme de gouvernement possible, et remet en cause également la vision particulière de la liberté qui l'accompagne [...] La jeune génération commence à tempérer la démocratie représentative avec ses succès, ses espoirs déçus et ses insuffisances, en y mêlant une forme d'action politique horizontale, latérale, plus large, plus inclusive, qui insère les communautés locales au sein des écosystèmes, biomes, et sphères planétaires auxquels nous sommes intimement liés. Cette

1. Par exemple dans son ouvrage *Tout peut changer*, paru chez Acte Sud en 2015.

2. Jeremy Rifkin, *L'Âge de la résilience*, Paris, Les liens qui libèrent, 2023.

> nouvelle identité politique émergente s'accompagne d'un engagement militant direct dans la gouvernance. On ne se limite plus à voter pour quelques membres de son groupe en les chargeant de décider. Chaque citoyen devient une partie intégrante du processus de gouvernement[1].

Un exemple émanant de la Convention citoyenne française, très connu et largement documenté, s'était fixé comme objectif l'élaboration de nouvelles lois destinées à diminuer l'impact environnemental et les émanations de CO_2. Parmi d'autres recommandations, on a vu qu'on y trouvait, pour des petites distances, le remplacement obligé des vols d'avion par d'autres modes de transport. Plusieurs problèmes furent soulevés et discutés, dont l'intermédiation par les élus, ce qui atténua considérablement la portée de la mesure esquissée : c'est très précisément ce que le triptyque décisionnel permettrait d'éviter, répartissant équitablement le pouvoir décisionnel durant l'élaboration de l'algorithme final.

Un autre défauts majeurs reconnus par les organisateurs de cette Convention fut l'ampleur de la problématique, victime du fameux crédo : « Qui trop embrasse, mal étreint ». Mais c'est précisément l'ampleur et la simplicité universelle du dispositif compte carbone individuel qui en fait la force, une large part de la problématique climatique se ramenant à ce seul dispositif, ce qui permettrait d'en faciliter la mise en opération et la tutelle algorithmique. Des sujets plus que délicats restent à débattre, tel le prix carbone des biens et des services, l'attribution initiale des quotas,

1. *Id.*

leur partie fixe et non négociable, et certainement beaucoup d'autres questions. Chacun pourrait faire l'objet de réunions et délibérations séparées, puisque ce ne sont pas les mêmes citoyens qui prendraient à bras le corps la réduction des vols d'avion ou le chauffage des habitats. Mais les décisions de quelque nature qu'elles soient se trouveront finalement écrites dans des lignes de code, ouvertes à tous et obligeant chacun par l'unique et seule manière exécutée par ces lignes.

Dans un écrit éclairant, une autre partisane du crédit carbone individualisé, Mathilde Szuba, en rappelant les travaux d'Ivan Illitch[1] sur les dispositifs conviviaux, voit dans ce crédit l'occasion d'une autonomisation croissante et d'une concertation à échelle locale des individus dans les choix de consommation :

> Le rationnement et la gestion normative sous contrainte semblent donc aptes à passer le test des valeurs illitchéennes et écologiques de l'autonomie et de la décentralisation[2].

Le même Ivan Illich revient sous la plume d'Alain Damasio, mais cette fois dans une refonte des technologies digitales en un dispositif nettement plus convivial, voire amical :

> Des technologies fécondes, qui émancipent celle ou celui qui les utilise, qui libèrent pour elle et en lui des capacités

1. Ivan Illitch, *La Convivialité*, 1973, in *Œuvres complètes*, volume 1, Paris, Fayard, « Documents et témoignages », 2004.

2. « Le rationnement, outil convivial », *in* Agnès Sinaï (dir.), *Politiques de l'Anthropocène*, Paris, Presses de Sciences Po, « Références », 2021.

> cognitives et ses savoirs appropriables [...] Conviviale est la société où l'homme contrôle l'outil[1].

Le retour de l'action climatique à une échelle plus locale facilite la concertation sociale sur la réduction de nos empreintes environnementales. Comme le disait le sociologue Bruno Latour, de plus en plus inquiet de l'évolution climatique, dans un entretien donné au *Nouvel Obs* :

> C'est quand même incroyable : on a des dizaines d'applications pour lier les gens entre eux pour les rencontres coquines ou les achats groupés de produits bio, et l'on ne serait pas capables de se connecter latéralement ? Cela permettrait un autre rapport entre les citoyens qui convergent sur les mêmes affaires, ou les mêmes controverses, au lieu de toujours s'adresser verticalement à cet être fantomatique[2].

L'économiste Antonin Pottier s'inquiète, lui, de la disparition des considérations de justice sociale dans les solutions purement technocratiques imposées par les états, comme la taxe carbone, dont il critique très sévèrement la manière dont elle a été imposée puis en définitive retirée. Il réaffirme à sa façon le schéma devenu très populaire des trois cercles du Donut[3],

1. Dans son ouvrage *Vallée du silicium*, Le Seuil, Paris, 2024.

2. Le *Nouvel Obs* du 13 mai 2020, Bruno Latour : « Dans le monde d'après, c'est à la société civile d'agir ».

3. Ce dernier a été mis au point par Kate Raworth, économiste, associée à l'Université d'Oxford et autrice de *La Théorie du Donut. L'économie de demain en 7 principes*, paru dans sa version française chez Plon (Paris) en 2018.

autorisant les seuls comportements possibles dans le cercle central, lui-même pris entre les deux qui l'encadrent : le cercle extérieur, garant des dégradations environnementales, et le cercle intérieur, plus soucieux de justice sociale :

> La transition écologique est un objet profondément politique alors qu'elle est encore abordée sous un angle technocratique, et appréhendée comme la simple mise en place de mesures dont les bons paramètres peuvent être déterminés et calibrés par les experts, les économistes et les technocrates [...] L'écologie doit au contraire associer les citoyens à la décision, fabriquer des convergences avec eux et inscrire chaque changement ponctuel dans une évolution progressive et lisible de nos comportements[1].

C'est exactement ce que permettrait la participation des citoyens à l'écriture des algorithmes censés infléchir leur comportement dans une direction plus respectueuse, autant de la planète que du vivre ensemble.

Quand bien même il y aurait lieu de s'inquiéter de cette algorithmisation intensive, nous ne pouvons être qu'en accord avec l'économiste :

> Promouvoir la participation des citoyens aux décisions devrait permettre à la fois d'en renforcer la légitimité et l'efficacité [...]. Concerter la transition suppose une participation large des acteurs impliqués mais au sein d'un processus ouvert, dont le résultat de serait pas calculé

1. *Un nouveau contrat écologique*, Paris, Puf, 2024, avec Emmanuel Combet.

> d'avance, mais véritablement produit par l'interaction des participants[1].

De façon complémentaire, François Gemenne encourage dans le même temps les initiatives même minoritaires, où il voit un effet d'entraînement des mécanismes de démocratie participative :

> Des minorités cohérentes et organisées sont donc susceptibles de créer de véritables émulations et des rallier à leur cause une majorité [...]. L'introduction de mécanismes participatifs dans nos institutions démocratiques, à condition qu'ils ne soient pas de simples gadgets, permettrait de résoudre en partie cette crise de la démocratie représentative et de rendre aux citoyens la conviction qu'ils peuvent peser sur les choix collectifs[2].

Au demeurant, cette introduction à une gouvernance algorithmique en démocratie dans l'espoir d'une accélération de la transition écologique et de la diminution des rejets CO_2 devrait se faire, dans un premier temps, à des échelles très locales pour, ensuite, élargir sa portée en s'adaptant à la diversité des régimes politiques qu'elle cherche à transcender. Que l'on soit à Pékin, Dubaï ou à Bologne, les problèmes à affronter : transport, chauffage, alimentation, sont du même acabit.

1. *Id.*
2. Dans *L'écologie n'est pas un consensus*, *op. cit.*

COMMUNS NUMÉRIQUES : RENDRE LE CODE PLUS CIVIL

La prix Nobel d'économie Elinor Ostrom, célèbre pour ses travaux sur les communs, leurs origines et leurs modes de fonctionnement, s'est intéressé à la fin de sa vie aux communautés informatiques « *open source* », pratiquant collectivement le « code ouvert » ou le « logiciel libre », d'où le terme « communs numériques[1] ».

Pour différencier les deux types de production logicielle que sont le « libre » et le « propriétaire », il est utile de rappeler que tout logiciel est constitué d'écritures dans un langage de programmation, compréhensible par tout programmeur, qui est appelé le « code source ». La version qui prend effet *in fine* dans l'ordinateur est celle dite « exécutable », produite à l'aide d'un autre programme (qu'on appelle le compilateur) à partir dudit code source. Cette dernière, à l'inverse de la précédente, est largement incompréhensible (composée uniquement de 1 et de 0) et, idéalement, ne devrait pas être comprise, mais simplement exécutée le plus efficacement possible par l'ordinateur. C'est le même algorithme, mais exprimé cette fois dans un langage optimisé pour le processeur informatique et non plus à destination du programmeur, ce qui explique que, bien qu'il puisse en être l'auteur, cette nouvelle version lui devient incompréhensible, comme

1. Voir la très éclairante entrée « Communs numériques » dans l'encyclopédie en ligne Wikipédia.

elle le devient pour l'immense majorité des informaticiens sur la planète.

Différencions maintenant deux métiers qui se ressemblent, et très prisés ces temps-ci, tous deux producteurs de code source, mais issus d'univers professionnels assez distincts : un chercheur qui se consacre à la simulation informatique de l'évolution du climat terrestre, et un développeur chez Microsoft, Apple ou Google, qui œuvre à la mise au point d'une nouvelle application informatique pour PC ou smartphone. La reconnaissance salariale du premier n'est due, pour l'essentiel, qu'au jugement rendu par ses pairs, qu'à l'estime que ces derniers accordent à ses travaux (généralement publiés et revus par ces mêmes pairs) en ce qu'ils permettent de mieux comprendre l'évolution du climat. Une différence essentielle avec le deuxième programmeur est que le logiciel sur lequel notre scientifique phosphore se doit d'être constamment évalué par ses collègues et donc produit de la manière la plus transparente qui soit. Ce logiciel doit être rendu aisément accessible, mis à la disposition des collègues. Il doit l'être aussi de manière très compréhensible, en sorte que chacun puisse partir des résultats de l'autre et que l'évolution du logiciel se transforme en un projet éminemment collectif.

La recherche scientifique est une entreprise collégiale, où tout est mis en œuvre (colloques, publications, financements de réseaux de coopération) pour que les chercheurs intensifient cette coopération. La motivation essentielle du chercheur est un certain idéal de vérité, une soif jamais étanchée de mieux comprendre et de connaître le monde qui l'entoure, et la reconnaissance comme l'estime que lui vouent ses pairs si l'objet et l'influence de ses cogitations dépassent les quatre murs de son laboratoire et sortent de son disque dur (autre genre de tour d'ivoire !).

L'employé de Microsoft, Google ou Apple, quant à lui, même s'il partage avec le chercheur précédent une compétence certaine en matière de programmation, doit tout faire pour dissimuler le code source qu'il produit. Dans la jungle entrepreneuriale (je caricature sciemment), la concurrence est incontournable et indissociable du profit car il faut que votre logiciel l'emporte sur ses semblables. Il faut donc maintenir les développeurs d'alternatives possibles dans l'incapacité de reproduire ce qui fait la force, l'originalité, l'efficacité du gagnant. L'histoire de l'informatique raconte combien Steve Jobs fut toujours dans l'obsession maladive des secrets de fabrication de ses produits. Cette deuxième catégorie de développeurs produit pour l'essentiel des « logiciels propriétaires », dont le code source est maintenu dans le plus strict secret, seule sa version exécutable circulant sur le marché des logiciels. Par exemple, dans la jungle des systèmes d'exploitation, proposant le logiciel le plus important au fonctionnement de tout ordinateur, Microsoft a longtemps bénéficié d'un véritable monopole : il était seul à maîtriser le code source de Windows, rendant particulièrement difficile pour tous les autres constructeurs de développer des logiciels qui, soit se substituaient à celui-là, soit pouvaient aisément se greffer sur le fonctionnement du maître à bord.

Tout aurait pu fonctionner comme cela dans le meilleur ou le pire des mondes virtuels si, au début des années 1990, un jeune programmeur finlandais du nom de Linus Tovald n'en avait décidé autrement dans sa chambre d'étudiant, en mélangeant les genres et choisissant de calquer le modèle de la recherche scientifique sur la réalisation d'un nouveau système d'exploitation pour PC très largement inspiré d'Unix : Linux. Revanche du « libre » sur le « propriétaire », il est devenu le système d'exploitation le plus utilisé au monde, équipant 90 % des smartphones et le même pourcentage des serveurs Web (dont chacun fait une utilisation massive).

Linux est donc un système d'exploitation du domaine public, libre et gratuit, dont le code source peut être vu et modifié par tout un chacun, même si le ticket d'entrée est assez élevé au vu de la complexité et de la taille de ce type de logiciel. Il est devenu avec le temps l'emblème des logiciels en code ouvert, exemple suivi depuis lors par des millions de logiciels dont le code source est facilement accessible via le Web. C'est le cas de la plateforme GitHub, devenue incontournable pour la majorité des développeurs aujourd'hui, qui encourage le travail collaboratif pour le développement d'un même logiciel. Cette plateforme invite les développeurs à l'intérieur d'un réseau social dédié, facilitant et organisant les échanges et le suivi des apports de chacun. Linux est ainsi devenu le porte-drapeau d'une nouvelle philosophie économique, radicale, où la manière de s'enrichir à partir d'une création intellectuelle est à penser autrement que par la simple distribution et vente des exemplaires de cette création sur le marché concurrentiel.

WIKI ET LES ARMES DE COLLABORATION MASSIVE

L'autre succès emblématique de cette nouvelle manière de produire est évidemment la formidable encyclopédie en ligne Wikipédia, dans laquelle chacun peut s'improviser encyclopédiste, s'il se sent la compétence de rédiger une nouvelle rubrique ou d'améliorer une rubrique existante. Le tout fonctionne en respectant les principes d'ordre par auto-organisation. Aucun des nœuds du réseau en particulier n'impose cet ordre, mais celui-ci émerge comme par magie, l'encyclopédie se stabilisant graduellement comme résultat des forces constructives et suppressives qui l'animent. Ainsi, des dérapages sont possibles, mais il ne faut en moyenne pas plus de quelques minutes pour que d'autres internautes s'empressent de rectifier l'information en question. Parfois, l'information elle-même fait débat, chacun s'acharnant à imposer sa version des faits. Il faut alors autoriser et déclencher un processus un peu plus centralisé, plus autocratique (comme celui de figer et bloquer une rubrique) qui permette de trancher parmi les opposants. Il est capital de noter que ce que qui fait de Wikipédia un commun numérique, c'est bien sûr son accès partagé, mais aussi et surtout son mode de régulation auto-organisé très fortement dépendant de la nature de ce qui est partagé – ici, des entrées encyclopédiques, là, du code source.

Pour ces codes sources, que leur accès partagé transforme en une espèce de bien rival (pour reprendre la terminologie économique), il existe aussi un mode de gouvernance adéquat et propre à chaque ressource. Chaque nouvelle proposition (modification du code existant) conduit à un « *fork* », le développement du logiciel se transformant ainsi en un embranchement de *forks*. Le choix de la branche gagnante est, soit laissée à un sous-groupe de développeurs accepté comme plus compétent (ou plus entreprenant), soit plus simplement encore au créateur de ce logiciel (par exemple Linus Tovald), qui s'arroge le droit du « dernier mot ». Parfois, plusieurs *forks* coexistent et donnent lieu naturellement à différentes déclinaisons du même logiciel qui peuvent fonctionner de concert. De très passif au début, l'évolution du Web a fait de l'internaute un acteur bien plus entreprenant, plus engagé qu'auparavant dans l'élaboration du contenu.

On peut s'étonner de l'utilisation d'un qualificatif courant en économie, « rival », pour qualifier des biens qui ne se raréfient en rien et qui, d'une certaine manière, n'ont rien à craindre de la surexploitation. Cette qualification n'est d'ailleurs pas obligatoirement partagée. Si j'utilise ce terme, c'est parce que l'utilisation collective de cette ressource (ici, plutôt sa production) met les « producteurs » en concurrence, l'apport de chacun ne manquant pas d'impacter l'apport des autres. Cette rivalité autour d'un bien partagé oblige, comme pour une ressource menacée de disparaître, d'organiser et de gouverner au mieux son exploitation, cette organisation dépendant bien évidemment de la nature du bien en question, ici, des lignes de code.

L'histoire de Wikipédia et l'émergence progressive d'une gouvernance donnant davantage de poids aux contributeurs plus réguliers et dont les écrits s'imposent et se stabilisent plus naturellement, en est un exemple frappant. Ces contributeurs (que l'on a fini par qualifier d'administrateurs) endossent une responsabilité encore plus incisive dans l'élaboration des règles de fonctionnement de l'encyclopédie (notamment sur la façon de citer les sources). L'encyclopédie est parfaitement ouverte par principe même si, avec le temps, elle donne plus de poids à une minorité de contributeurs dont l'autorité s'est installée et légitimée au fur et à mesure de leur engagement. Il en va également ainsi en général du mécanisme d'archivage, de critique et de révision par les pairs pour la production scientifique, qui depuis ses origines a toujours fait débat parmi les chercheurs.

Un autre exemple de communs numériques dont les chercheurs dans le domaine de la mobilité font un usage intensif est OpenStreetMap, sur lequel ils s'appuient par exemple pour la mise en place du projet de voiture partagée. Il s'agit là d'un projet collaboratif de cartographie en ligne, qui concerne toutes les zones du monde et qui vise à l'élaboration d'une base de données géographique. C'est un des exemples repris par l'informaticien Serge Abiteboul, ardent défenseur des communs numériques :

> Par la richesse de leur diversité, les communs numériques proposent un laboratoire extraordinaire pour expérimenter des approches mettant l'accent à la fois sur la solidarité du partage et sur l'optimisation de l'utilisation des ressources. En cela, ils peuvent participer à trouver

> des réponses aux menaces écologiques qu'il nous faut affronter[1].

L'informaticien est membre du Conseil national du numérique français[2] qui, sous la plume de Jean Cattan son secrétaire général, déclare :

> La France investit le champ des communs numériques, ces ressources numériques produites, gérées et gouvernées par des communautés d'utilisateurs. Il en va ainsi de la Forge des communs numériques éducatifs et de ses 1 300 projets, du déploiement au sein de l'État de logiciels libres comme BigBlueButton ou de PeerTude dans toutes les académies[3].

Hélène Landemore, une avocate très active de la démocratie participative, présente et discute les cinq principes institutionnels qui définissent ce qu'elle défend comme « démocratie ouverte[4] ». Sans qu'elle fasse la moindre allusion aux technologies du numérique, il est tout à fait possible de réévaluer ses principes dans ce nouveau contexte :

1. « Les communs numériques, une alternative au contrôle total des données par le privé ou le public », tribune parue dans le journal *Le Monde*, le 18 septembre 2022.

2. Je recommande le site de ce Conseil pour découvrir ses textes sur le sujet des communs numériques. L'un de ses membres est Gilles Babinet, qui, dans un récent ouvrage paru chez Odile Jacob, *Green IA* (2023) présente et défend de façon très convaincante les applications de l'IA mises au service du climat et de l'environnement.

3. Dans le journal *Le Monde*, le 24 septembre 2024.

4. *Open Democracy*, paru chez Princeton University Press en 2020.

1/ le droit à la participation – c'est l'essence même de ces communs numériques,
2/ la délibération – il existe de nombreux modes de délibération idéalement informatisés qui souvent d'ailleurs sont présents dans les plateformes de codage collaboratif,
3/ le principe majoritaire – facile aussi à implémenter à la sauce informatique, même si, on l'a vu, des modes de décision parfois moins démocratiques se sont également imposés dans les communautés *open source*,
4/ la représentation démocratique (un principe de sélection inclusif et égalitaire) – ici, il faudra s'assurer que les non-développeurs soient tout aussi représentés que les autres,
5/ la transparence – cette dernière est un principe clé, car il est au fondement même des communautés en code ouvert que d'assurer la lisibilité et la transparence des codes.

Il faut souhaiter que ces nouveaux régimes démocratiques, plus horizontaux et auto-organisés, soient impliqués dans l'élaboration de logiciels plus soucieux de l'impact environnemental, notamment en en marquant plus nettement les limites et en diminuant l'impact de nos consommations, s'articulent autour de ces pratiques plus récentes du code ouvert. Pour qui s'inquiéterait de la restriction de cette nouvelle forme de démocratie participative aux seuls programmeurs, il est tout à fait possible de l'étendre au plus grand nombre, car les progrès les plus récents de l'intelligence artificielle ont fait de la programmation une pratique de plus en plus accessible à tous.

Déjà, il est tout à fait possible de comprendre un algorithme sans forcément devoir le coder, comme c'est le cas des algorithmes d'accès aux établissements scolaires[1], de ceux de recommandation sur Amazon, de ceux qui étaient censés nous tracer pendant la crise du Covid, ou encore de ceux qui trouvent l'itinéraire le plus court pour se rendre d'un endroit à un autre. Leur logique et leur paramétrisation sont accessibles et compréhensibles par tout un chacun, même sans écrire la moindre ligne de Python ou de Java. Avec le temps et les progrès de l'IA, on pourra se limiter à décrire ce que l'algorithme est censé faire, dans une langue comprise de tous, et ce sera à l'ordinateur (comme le permettent de plus en plus des logiciels tel ChatGPT) de produire l'exécutable en charge de cette mission.

Revenons sur quelques exemples de communs numériques écologiques qui doivent idéalement faire l'objet de délibérations pour s'accorder sur le logiciel final.

LES COMMUNAUTÉS D'ÉNERGIE

Les communautés d'énergie sont de nouveaux acteurs sur le marché extrêmement complexe et mouvant de l'énergie. Elles permettent à des citoyens

1. Il s'agit d'un dérivé de l'algorithme dit du « mariage stable », qui associe les partenaires en privilégiant les mieux classés des deux côtés. Par exemple, les hommes les plus prisés par les femmes se trouveront associés aux femmes les plus prisées par les hommes.

et des entreprises de se rassembler afin de proposer un nouveau modèle d'autoconsommation électrique dans lequel les participants tentent au maximum de consommer l'énergie renouvelable (solaire, éolienne) produite par leurs voisins, idéalement au cours de leur production. Pour créer une communauté d'énergie, il est nécessaire de constituer une personne morale, le plus souvent à but non lucratif, ayant pour vocation de procurer des bénéfices environnementaux, sociaux et économiques à ses membres et/ou dans l'entourage de ses membres. La participation à ces communautés est volontaire. Elles visent à instaurer une démocratie énergétique locale et atteindre une autonomie énergétique complète.

Le nombre de ces communautés a connu une forte croissance en Europe ces dernières années. En 2015, il y en avait environ 2 500 et depuis, ce nombre n'a cessé d'augmenter pour atteindre 3 800 en 2020 et 6 000 en 2022. Actuellement, l'Europe dénombre plus de 9 000 communautés d'énergie en activité, l'Allemagne (son refus de l'énergie nucléaire et sa dépendance accrue au charbon n'y sont pas pour rien) étant le pays en comptant le plus grand nombre, en en totalisant environ 1 800, suivie par l'Italie avec 1 200 et le Royaume-Uni avec 600.

La transition que permettent les communautés d'énergie vers une énergie propre et locale présente plusieurs avantages. Elles sont généralement accueillies à bras ouverts par les gestionnaires de réseaux électriques car elles évitent une production trop importante non absorbées par ces réseaux, provoquant ce qu'on appelle des décrochages quand les producteurs se trouvent découplés de ceux-ci faute d'une production trop importante et d'une absence d'autoconsommation. Une consommation plus importante et mieux répartie entre les membres de la communauté évite ces décrochages. Elles renforcent par ailleurs la résilience de ces communautés en réduisant leur vulnérabilité aux fluctuations énergétiques et aux coupures intempestives. De surcroît, elles créent un environnement énergétique plus durable car, en fournissant un accès direct et participatif à des sources d'énergie locales, les communautés énergétiques établissent un lien concret entre les citoyens et la production énergétique. Ceci favorise une prise de conscience accrue des enjeux énergétiques et de l'importance de modes de production plus respectueux de l'environnement.

En définitive, ces communautés accroissent la coopération, la loyauté et la confiance, renforçant la cohésion sociale et le dialogue continu entre les membres. Il s'agit de partager l'un des biens les plus essentiels à une vie confortable, l'électricité, dont chaque seconde de notre existence dépend. À titre individuel, rien n'empêche chacun d'entre nous de faire déjà le choix écologique d'installer des panneaux solaires sur son toit. Mais de telles communautés apportent une valeur supplémentaire. On peut partager les surplus de sa production localement, car il n'est sans doute pas nécessaire que tous s'équipent de ces mêmes panneaux (surtout dans les zones les plus ensoleillées – panneaux truffés de métaux rares et qui sont extrêmement dommageables pour la planète), ce partage ayant l'insigne avantage de renforcer la communication et le vivre ensemble à petite échelle.

Bien que le modèle des communautés d'énergie se diffuse rapidement en Europe, leur développement reste inégal selon les pays et les régions, les cadres réglementaires nationaux jouant un rôle-clé dans la facilitation ou le frein à leur essor. La mise en œuvre est loin d'être aisée, les administrations locales et les gestionnaires traditionnels des réseaux électriques endossant une très lourde responsabilité en ne convainquant qu'une petite élite volontaire et non les populations défavorisées qui, paradoxalement, auraient beaucoup plus à gagner. C'est un motif récurrent : les modes de régulation et d'administration centralisés et verticaux ont beaucoup de mal à s'accorder avec ceux, défendus ici, plus horizontaux et spontanés. Par ailleurs, les membres de la communauté d'énergie doivent se mettre d'accord sur de nombreux aspects comme la clé de répartition et bien d'autres, d'où les nombreuses négociations et concertations qui s'imposent en vue de la captation algorithmique finale.

Les différentes méthodes de répartition entre membres d'une même communauté d'énergie visent à satisfaire deux objectifs simultanés : consommer l'entièreté de la production locale à partager (le volume de consommation partagée) de manière à soulager le réseau, et satisfaire un souci de justice (égalité de la distribution). Depuis toujours, l'économie classique a théorisé la problématique de la répartition d'un bien de consommation entre différents consommateurs potentiels. En effet, la répartition égale (appelée dans le cas des communautés d'énergie : la répartition fixe à un tour ou à deux tours, afin de redistribuer le surplus d'injection dû aux petits consommateurs) semble satisfaire ce critère de justice, mais sans prendre en compte les besoins propres de chaque consommateur. À quoi sert-il de répartir également des parts de gâteau, y compris à l'adresse de personnes qui n'ont pas la moindre appétence ou n'apprécient en rien le sucré ? D'où la notion d'utilité, qui caractérise pour chaque consommateur le plaisir qu'il éprouve à la consommation de la part du gâteau. En acceptant de prendre en compte cette utilité, on répartira le gâteau d'une manière proportionnelle à l'utilité qu'on en retire, favorisant ainsi ceux qui en tirent le plus de plaisir (ou d'utilité).

Dans le cas des communautés d'énergie, cette même utilité est reprise par la consommation d'énergie dans le passé immédiat, selon une formule appelée « la répartition au prorata des consommations du quart d'heure ». On conçoit aisément qu'une famille nombreuse ou même une entreprise ou une école n'ont pas les mêmes besoins énergétiques qu'un appartenant habité par un célibataire. Ici, toute l'énergie à partager est entièrement consommée et le premier objectif est donc pleinement satisfait, ne nécessitant normalement pas un deuxième tour.

Une troisième formule est également proposée, hybridant les deux précédentes et visant la satisfaction simultanée des deux objectifs : consommation locale complète de la production locale et souci d'équité. Dans un premier tour, on opère une distribution égale et, s'il reste de l'énergie en surplus (celle des petits consommateurs), on la distribue au prorata de la consommation du quart d'heure. Il est même possible de paramétrer le poids à donner à chacun des deux tours en ne distribuant équitablement qu'une part de l'énergie au premier tour et au deuxième, le surplus dû aux petits consommateurs additionné au reste du premier tour, réparti au prorata.

Les membres de la communauté doivent donc s'entendre sur ce mode de répartition et l'on conçoit aisément combien une aide informatisée devient vite indispensable. Cette aide sera d'autant plus efficace qu'elle se basera sur une connaissance fine des consommations de chacun des membres. C'est la raison pour laquelle toute appartenance à cette communauté exige l'installation d'un compteur intelligent qui permet une analyse beaucoup plus fine des habitudes de consommation et de production électrique. L'utilisation d'algorithmes d'IA ou d'apprentissage machine permet de mieux saisir et de prédire les pratiques de consommation des membres de la communauté et, surtout, d'évaluer l'impact des modalités de partage et/ou de commercialisation de l'énergie produite (soit sur les membres de la communauté, soit sur le réseau électrique central).

À la différence du compte carbone individualisé dans sa version la plus contraignante, on ne parle pas ici de rationnement mais de gestion collective d'une ressource partagée. Néanmoins, il n'est pas impossible d'imaginer un rationnement soudain, imposé, par exemple, par le gestionnaire central du réseau, et qui oblige alors les membres de la communauté à une concertation algorithmisée pour se répartir ce même rationnement. Quoi de mieux qu'un algorithme pour décider à quel moment démarrer la machine à laver ou la recharge électrique du véhicule ? La connexion avec ce même compte carbone se trouve, au-delà du besoin d'une concertation citoyenne possible car à échelle humaine (dans une même zone, un même quartier), dans la mise en place de solutions écologiques locales par application informatique.

Ici, ces communautés d'énergie, par leur utilisation principale de sources d'énergie renouvelable, apparaissent déjà comme une proposition de nature intrinsèquement écologique (bien que leur interaction avec le réseau électrique global demeure un sujet assez délicat). L'informatique devient une alliée indispensable pour mettre en place la solution collective décidée par la communauté, à commencer par les sujets les plus larges : comment se répartir l'énergie ? comment la négocier ? pour finir avec ceux nettement plus étroits : quand démarrer sa lessive ? quand charger sa voiture et de combien ?

Il est fort possible qu'en testant et en développant des protocoles de communs numériques à cette échelle très locale, les leçons apprises pourront s'appliquer à des formes plus ambitieuses de communautés élargies, par exemple l'algorithme de répartition des vols aériens ou la dotation initiale du quota carbone disponible à chacun au sein d'une ville, d'un pays ou de la planète entière.

DES ALGORITHMES POUR LE DÉBIT DE L'EAU

De telles expériences de démocratie participative à l'échelle d'une ville ont permis à Lille de réduire la consommation d'eau des participants en moyenne de 5 %, simplement par la prise de conscience que toute ouverture de robinet n'était pas systématiquement nécessaire. Quand elle l'était, la consommation pouvait être considérablement réduite sans que le confort de vie en soit impacté (réduire le temps d'une douche ou ne pas actionner systématiquement la chasse d'eau). Les échanges entre voisins, des discussions spontanées à l'aide d'un expert plus au fait des postes de consommation, ont mené à cette prise de conscience et à cette économie d'une ressource qui ne cesse de se raréfier. C'est par un simple échange d'expériences que la prise de conscience s'est produite : pourquoi tirer la chasse d'eau chaque fois ? quelle durée pour votre douche ? pourquoi ne pas prendre une douche plutôt qu'un bain ? quelle quantité d'eau peut-on épargner lors d'une lessive plus responsable ? comment utiliser l'eau de pluie ? Une telle sensibilisation est permise par la simple mise en commun, l'organisation de discussions et d'échanges sous le pilotage d'un expert en la matière. Il n'y a pas meilleure prise en compte des conseils d'un expert que par le relais des voisins.

On peut estimer possible, dans la continuation de cette première expérimentation de concertation sociale, l'installation d'un compteur intelligent de consommation d'eau à même de pouvoir amplifier cette économie. Ces compteurs, comme ceux d'électricité, peuvent dans un premier temps sensibiliser le consommateur par un décompte bien plus précis des postes et des motifs de consommation (peu de personnes connaissent la quantité d'eau utilisée pour une douche, une lessive, l'arrosage d'un jardin, un brossage de dents ou une chasse d'eau). Ils informent le consommateur sur les litres d'eau que ses activités ont déversé dans les égouts.

Dans un deuxième temps, une fois l'algorithme débattu et décidé collectivement, on peut concevoir sa prise de contrôle de la distribution d'eau ou d'électricité selon, par exemple, les postes les plus demandeurs (l'arrosage, la douche, la lessive) ou les périodes de la journée. C'est le robinet qui décidera et non plus la main qui l'actionne habituellement. Mais ce sont bien les citoyens qui se seront au préalable accordé sur une consommation hydraulique respectueuse à la fois des nappes phréatiques et de l'hygiène de vie.

Dans les régions affectées par la sécheresse, des amendes punissent l'exploitation abusive de cette ressource, comme l'arrosage d'un jardin ou le remplissage d'une piscine. Pourquoi ne pas privilégier la prescription algorithmique à la punition pour éviter que le mal soit fait ? Ce n'est plus l'homme qui actionne la plupart des chasses d'eau des toilettes publiques comme celles des aéroports, et cela n'est pas vécu comme une atteinte à une liberté première. Des études statistiques sérieuses ont montré, qu'alors que la consommation d'eau dans nos villes peut facilement aller jusque trois cents litres d'eau par jour et par ménage, cette consommation pourrait être réduite de trois quarts sans que nos existences n'en soient en rien affectées.

LA VOITURE PARTAGÉE

À Bruxelles, lors d'élections législatives récentes, le parti écologiste a été un des grands perdants. Malgré l'importance vitale des transformations sociales que les écologistes réclament à grands cris, leur idéologie trop radicale leur fait considérer avec la plus grande défiance les solutions basées par exemple sur le nucléaire ou le numérique (comme le réseau de communication 5G, qu'ils vouent aux gémonies). Cette défiance du numérique les mène à vouloir souvent imposer des solutions sans suffisamment prendre en compte la complexité des enjeux, les antagonismes qui en découlent (justice sociale *versus* transition écologique) et la subtilité des curseurs.

Cette défaite électorale est en effet en grande partie imputable à l'instauration désastreuse du plan de mobilité appelé « Good Move » qui, pourtant, partait d'une louable intention : fluidifier le trafic et diminuer la pollution qu'il occasionne (surtout par la densité des moteurs thermiques). L'application de ce plan a péché par deux aspects essentiels : l'absence d'une aide informatisée (y compris par la mise à disposition d'une application sur les smartphones des usagers qui leur aurait permis de mieux les sensibiliser et de mieux comprendre ce nouveau dispositif) et la non-implication des citoyens, premiers concernés, dans les délibérations qui ont mené à ce plan, alors que l'enjeu appelait par principe une bien plus large participation. C'est à ces deux défauts majeurs que la participation informatisée des citoyens à la gestion de leur ville tente précisément de remédier.

Autre exemple de communs numériques à portée locale : nous développons dans mon université une solution de voiturage partagé pour laquelle un conducteur se rendant à l'université (typiquement le matin pour le démarrage des cours) fera quelques légers crochets de manière à embarquer des étudiants sur son trajet. Dévier légèrement de l'itinéraire optimal afin de charger son véhicule de passagers occasionnels tout en respectant l'horaire d'arrivée, voilà une solution extrêmement bénéfique d'un point de vue écologique et sociétal. Au-delà de la diminution d'émission de CO_2, on imagine le gain de temps pour tous les navetteurs favorisé par la décongestion du trafic routier : tous y gagnent.

L'algorithme peut donner lieu à des versions de plus en plus sophistiquées si l'on veut intégrer à son trajet le vélo pliable ou la trottinette, qu'on range dans le coffre. On peut également prendre en considération des options de multimodalités, un passager pouvant monter dans un bus (transport en commun) pour se rendre au lieu de ramassage de la voiture partagée. Les possibles solutions de partage étant vite nombreuses et complexes, l'application devient indispensable pour choisir la meilleure solution de mobilité. Les logiciels qui occupent les chercheurs de notre université s'appuient d'ailleurs pour une large part sur un commun numérique précieux, OpenStreetMap.

Depuis peu, la compagnie Uber, acteur du transport devenu incontournable, propose également, dans son offre, la possibilité de partager un véhicule. Il est néanmoins intéressant de différencier notre proposition de celle d'un des géants de la tech. Certaines de nos modalités techniques sont plus efficientes, comme la prise en compte de la multimodalité, mais surtout, les objectifs finaux sont de rentabilité maximale chez

Uber, quand ce qui nous occupe est un souci d'inclusivité, d'égalité de traitement et de sensibilisation écologique. Certes, les clients d'Uber peuvent choisir cette solution sur un critère purement économique, tant du côté de l'offre (plus de passagers) que de la demande (moins cher pour chacun d'entre eux). Mais s'ils choisissent la nôtre, c'est parce qu'elle satisfait notamment un véritable impératif écologique au sens large, quelle que soit la facture : moins de trajets individuels en voiture donc moins de pollution, et la possibilité de davantage de sociabilité. Uber n'a pas le souci, par la nature de son activité, de diminuer le trafic automobile.

Toutefois, là encore, l'algorithme ne résout pas seul la question, bien que se présentant comme un partenaire essentiel. Il faut qu'une négociation s'engage entre le conducteur et les possibles passagers. L'algorithme peut faire des propositions, mais il faut trancher : où récupérer les passagers, à quelle heure, à quel prix ? On peut imaginer ainsi certaines préférences psychologiques, sociologiques, ou simplement académiques pour les occupants des véhicules. On peut également imaginer des solutions d'un jour ou sur une période plus longue, en fonction des agendas de chacun. L'algorithme ne pourra faire l'économie d'une concertation des étudiants dans son développement partagé, pour chacune de ses exécutions.

Il en va ainsi de la voiture partagée, mais également de très nombreuses autres utilisations que la fréquentation des campus rend souhaitables : travaux en commun, échanges de documents, emplacements libres dans les bibliothèques, occupation des salles de cours, colocations de logements étudiants, bons plans pour les séjours Erasmus à l'étranger… Notre université, comme toutes les autres, regorgent de ces cas d'utilisation appelant de ses vœux tant l'algorithme intelligent que la participation étudiante à l'élaboration de celui-ci, autant de candidats évidents aux communs numériques à l'échelle d'un campus, voire d'un « smart campus ».

POURQUOI SIMPLIFIER À OUTRANCE QUAND ON PEUT GÉRER LE COMPLEXE ?

Dans son dernier ouvrage, le professeur américain d'anthropologie et de sciences politiques James C. Scott explique comment, pour pouvoir s'exercer de la manière la plus efficace qui soit, tout pouvoir vertical et descendant s'évertue à simplifier la réalité environnante :

> [L'État s'est appliqué à] rationnaliser et standardiser ce qui n'était auparavant qu'une sorte de hiéroglyphe social (la langue, les noms de famille, les unités de mesure, la ville et les transports, les propriétés, les registres de population et les cadastres…) […] Les fondements de cette perspective sont fortement autoritaires. Si un ordre social planifié vaut mieux que les strates contingentes et irrationnelles accumulées avec le temps et la pratique, deux conclusions s'ensuivent. Seuls ceux qui disposent du savoir scientifique nécessaire pour saisir et créer cet

> ordre social supérieur sont aptes à gouverner dans la nouvelle ère. De plus, ceux qui, du fait de leur ignorance rétrograde, refusent de se soumettre au plan scientifique, doivent être rééduqués afin de lui être utiles, ou bien ils seront balayés[1].

Cette ultra-simplification aux fins d'ultra-domestication du réel est exigée par la nature humaine de cette gouvernance. Là où les hommes sont incapables de gérer comme il se doit la complexité du social, les algorithmes peuvent y aider. Une alternative à cette gouvernance surplombante, descendante et réductrice, est rendue possible par une nouvelle forme de communs numériques plus spontanés, moins ascendants, auto-organisés, rendant justice à la complexité des faits et soutenus par la sophistication algorithmique. Les urbanistes ont autrefois quadrillé les villes (New-York, Brasilia) afin d'en simplifier la cartographie et de faciliter la circulation. Cette simplification n'a plus de raison d'être à l'ère des Waze et autre Google Maps. On peut imaginer la présence future de véhicules autonomes et communiquant dans nos cités, qui rendront obsolète l'existence de codes de la route à destination d'humains limités, défaillants et incivils. Ces véhicules saturés de logiciels d'IA seront

1. James C Scott, *L'Œil de l'État*, Paris, La Découverte, 2021. Cet auteur, ainsi que David Graeber, souvent qualifiés d'« anthropologues anarchistes », ont cherché par leurs travaux à rendre justice à la complexité des sociétés modernes et à leurs modes de fonctionnement. Il est intéressant ici de noter que l'anthropologie anarchiste plaide pour des modes de gouvernance horizontaux, spontanés et auto-organisés, tels ceux que nous proposons ici, et qui ont fait l'objet de nombreuses études et témoignages à travers les siècles.

dotés demain de toutes les capacités sensorielles et cognitives suffisantes pour éviter tout accident et tout embouteillage. Ce sont les conducteurs humains qui ont besoin de feux de signalisation et d'amendes, pas les logiciels.

Les algorithmes d'Uber et d'Airbnb ont permis à de multiples personnes de s'improviser chauffeurs de taxi ou hôteliers, donnant naissance à toute une nouvelle économie nettement plus spontanée, décentralisée, et dont les modes de régulation ont émergé à mesure de son déploiement. Il peut paraître inconvenant de parler de décentralisation lorsqu'on mentionne Uber ou Airbnb, quand c'est l'infrastructure numérique centralisatrice de ces deux entreprises qui a facilité la mise en relation de l'offre et la demande et leur enrichissement fulgurant par la marge prise sur chaque transaction. Il y a là comme une rupture avec l'identité profonde du Web, qui aurait pu et dû systématiquement favoriser une vraie décentralisation, rien n'interdisant à ces deux entreprises de fonctionner sur un mode décentralisé et dès lors moins prompt au contrôle et au ciblage des citoyens.

Dans mon laboratoire Iridia[1], nous nous intéressons depuis très longtemps à l'articulation entre des modes de régulation centralisés et décentralisés afin d'assurer la maîtrise d'une situation complexe que le chaos menace. Nous partons du mode le plus décentralisé qui soit, au vu de ses nombreux avantages : simplicité de mise en œuvre, robustesse (si un des contrôleurs

1. Laboratoire de recherche en Intelligence artificielle de l'Université Libre de Bruxelles.

défaille, la redondance assure la récupération par un autre), plus grande flexibilité et adaptativité. Et graduellement, si le besoin s'en fait sentir, des contrôleurs dotés d'un pouvoir d'observation et de régulation à portée plus large émergent, car capables d'une meilleure prise en charge des composants de cette réalité – des contrôleurs qui restent toutefois parfaitement ancrés dans l'existant mais décidés par et en support des systèmes de régulation qui ont précédé.

Ainsi, pour la gestion des communautés d'énergie et pour bien d'autres communs numériques, la tension est systématique entre un mécanisme de régulation centralisée et les propositions plus locales et plus autonomes, que seule l'algorithmique rend possible. Les gestionnaires et les distributeurs classiques de l'électricité éprouvent le plus grand mal à intégrer les nouveaux modes de production et de consommation. Comment récupérer l'électricité produite ? Comment pallier son inconstance naturelle ? Comment la monnayer ? Comment la compenser par la distribution centrale ? Comment gérer les clés de répartition ? Et surtout, comment octroyer aux prosumers (c'est ainsi qu'on appelle les membres de ces communautés d'énergie) un droit de regard et de décision sur cette nouvelle forme de distribution et surtout de partage de l'énergie ?

Malgré l'omniprésence aujourd'hui de ces nouveaux modes de régulations aussi intelligents qu'ubiquitaires et communiquant, une totale remise à plat est souhaitable mais apparaît pour l'instant impossible, laissant la part belle à de multiples compromissions avec les anciens modèles centralisés.

Chapitre 4

Prise de contrôle ou prise de conscience ?

Nous l'avons vu, mesurer l'empreinte CO_2 de chacun de nos faits et gestes n'a plus rien d'impossible, nos smartphones pouvant capter chacun de ceux-ci et les traduire en grammes, kilogrammes et même tonnes de CO_2 propulsés dans les airs. Si cette empreinte n'est pas gérée par notre smartphone, malgré la place prépondérante qu'il prend dans l'intermédiation de ces mêmes faits et gestes, elle peut l'être par un compteur électrique intelligent, ou par tout autre dispositif apte à enregistrer et mémoriser le moindre comportement transformant un peu du carbone enfoui dans le sol en gaz qui n'a plus rien d'hilarant.

Néanmoins, reste entier et très débattable le degré de coercition que ce système de mesure doit avoir sur nos libertés d'agir et de consommer. L'espionnage de notre smartphone peut nous avertir de cet impact, nous y sensibiliser, sans restriction sur ce qui le provoque, ou participer au contraire d'un système autrement plus coercitif de rationnement, interdisant toute consommation qui contribuerait à dépasser le seuil autorisé.

Où l'on retrouve la distinction essentielle, que j'ai déjà commentée[1], entre les algos qui conseillent et ceux qui contraignent, sachant que si les premiers existent, ils deviennent, pente fatale oblige, une arme redoutable pour tout pouvoir en place : quelques lignes de code suffisent à transformer les conseils en interdictions et de passer de la recommandation à la contrainte, se transformant en un panoptique digital, même si à vertu écologique et auréolé de vert.

En période de Covid, le pass vaccinal n'avait pas vocation à louer les vertus de la vaccination, mais bien nous y obliger, la seringue informant le QR code et nous interdisant au besoin l'accès à de nombreux lieux publics. Il en va de même de l'expérimentation chinoise du « crédit social », plus fantasmé d'ailleurs que réellement implanté (il n'est pas tout à fait exact qu'on vous interdit l'entrée dans une université prestigieuse, un hôpital de qualité ou la possibilité d'un voyage touristique si vous brûlez un feu rouge, et si cela voit vraiment le jour, la Chine sera clairement pionnière en la matière), que la Commission européenne s'est empressée d'interdire dans sa nouvelle règlementation sur l'IA. Les juristes sont souvent les premiers sur la balle, tant ils redoutent que des solutions numériques contraignantes, théoriquement provisoires afin d'affronter une crise, se pérennisent (comme les caméras de surveillance intelligence après les JO 2024).

1. Dans *Algocratie. Allons-nous donner le pouvoir aux algorithmes ?*, Paris, De Boeck Supérieur, 2023.

L'ÉLASTICITÉ DE LA DEMANDE CARBONE

On peut très légitimement se réjouir d'une application smartphone informant chacun d'entre nous de l'évolution de son empreinte carbone au cours de la vie. Des applications à l'esprit très proche nous informent déjà de l'impact sur la santé d'un grand nombre de produits alimentaires (qu'il suffit de scanner avec son smartphone) ou d'un grand nombre d'activités physiques (la pratique du « *quantified self* » s'est très largement répandue chez les sportifs que l'on voit jogger ou rouler, smartphone scotché à l'épaule). L'éco-score et bien d'autres applications de ce type sont en train de s'imposer à partir de l'emballage de la plupart des produits alimentaires, renseignant le consommateur sur l'impact environnemental des produits dont il remplit son caddie. Des compagnies aériennes proposent à leurs passagers de calculer les émissions générées par leur voyage et d'apporter une contribution volontaire à la protection du climat en conséquence. Un site Web comme nosgesteclimats.fr permet en quelques minutes de se faire une première idée de son empreinte carbone, passant en revue nos habitudes de mobilité, alimentaires ou encore de logement.

Le temps passé sur nos smartphones est devenu tel, que de nombreux acteurs du monde professionnel, conscients de cette addiction, cherchent à rendre plus ludiques leurs activités les plus stratégiques, tentant ainsi de mieux joindre l'utile à l'agréable. Il s'agit ici de jouer à préserver la nature.

De nombreuses intermédiations logicielles sont possibles entre la contrainte et le conseil, le curseur pouvant osciller entre de multiples positions. Par exemple, lorsqu'une alternative écologique à un choix de consommation apparaît des plus aisée, le compte carbone pourrait se débiter effectivement, comme pour l'achat d'un sac plastique à la caisse d'une grande surface, l'achat d'une bouteille d'eau minérale en plastique (de moins en moins compréhensible, au regard de la qualité des eaux du robinet), la prise de la voiture dans une ville saturée de transports en commun ou un vol aérien pour une distance inférieure à 1 000 km si le train à grande vitesse existe pour la même destination. Mais il pourrait redevenir conseil dans le cas de l'achat d'une chemise ou d'un billet de train. L'application serait plus contraignante pour les biens positionnels (d'où la possibilité d'une bourse d'échange) et plus conseillère pour les biens de première nécessité et sans évidente alternative verte.

QUELQUES SCÉNARIOS INTELLIGENTS

Vous êtes sur le point de vous rendre dans une grande surface pour vos courses. Vous le signalez à votre smartphone qui vous informe sur les bonnes affaires en termes de points carbone : ces légumes ou ces fruits plutôt que ceux-là, cette viande blanche ou ce poisson plutôt que cette entrecôte, cette chemise produite en France plutôt que celle-ci produite en Asie. Les économistes désignent par l'élasticité de la demande, l'impact que peut avoir une hausse des prix sur le succès de vente du produit concerné. Sa vente diminue en général s'il existe des alternatives à plus bas prix. On peut imaginer un mécanisme très voisin pour les produits à haute teneur de production CO_2. Votre smartphone vous informerait, alors que vous scannez le QR code d'un produit, qu'il existe une alternative très proche mais beaucoup plus économe en molécules de CO_2. En général, ce sont les produits pour lesquels l'élasticité reste stable ou même positive (la demande augmente avec le prix) qui pourraient faire l'objet d'un marché de ces quotas carbone. Il s'agit souvent de produits de luxe ou de distinction sociale, brillant bien davantage par leur logo que par leur empreinte carbone. Ceux dont l'élasticité monétaire reste négative sortiraient du marché et mettraient riches et pauvres sur un pied d'égalité en termes de rationnement carbone.

Prolongeons le scénario. Vous arrivez en face de la caissière ou de la caisse automatique et lorsque vous pointez le produit, le système vous informe qu'il est sur le point de débiter votre compte carbone d'autant. Un système contraignant pourrait aller jusqu'à vous en interdire l'achat car votre compte carbone est épuisé. Il pourrait aussi vous proposer une alternative bas carbone dont l'acquisition est des plus aisée : remplir une vidange à l'eau du robinet et utiliser un appareil public afin de la gazéifier si nécessaire, consommer ce yaourt-ci plutôt que celui-là, laisser vos courses sur place et aller vous procurer ce sac usagé que vous avez oublié dans le coffre de la voiture. Aujourd'hui, dans de nombreux pays, la caissière vous octroie la possibilité d'acheter un sac en plastique flambant neuf en espérant que son prix (quelques centimes) vous en décourage. Peine perdue, quand on voit la quantité de lambeaux de sacs plastiques qui pendent aux branches des arbres ou qui jonchent les bas-côtés des routes.

Dans un même ordre idée, vous vous apprêtez à réserver un billet d'avion sur le site d'une compagnie aérienne, mais connaissant votre compte carbone, ce site a l'amabilité de vous proposer une alternative ferroviaire ou de type BlaBlaCar autorisée par votre compte. Ou encore, ce garçon de restaurant, informé de votre montant carbone déjà consommé ce mois-ci, vous propose une alternative au steak au poivre que vous êtes sur le point de commander.

Est-ce là pousser le bouchon trop loin ? Je ne peux cacher que l'évolution plus que cauchemardesque du dérèglement climatique m'inciterait à favoriser le caractère contraignant de ce dispositif algorithmique, pas obligatoirement pour tout ni à tout moment, mais surtout de manière transparente et acceptée en partie par chacun d'entre nous. Ainsi, la restriction des voyages aériens pourrait être plus que facilement instaurée de manière totalement informatisée et en proposant systématiquement des alternatives bas carbone : la France présente des paysages montagneux qui n'ont peut-être rien à envier aux sommets de l'Himalaya et des plages qui se réchauffent moins vite que celle des Maldives. Il en va de même d'un compteur électrique orientant et calibrant les consommations, d'abord en conseillant mais qui pourrait, à l'approche de votre seuil carbone, ne plus autoriser qu'une lessive par semaine, et déclencher son démarrage au moment où nos panneaux solaires ou ceux de nos voisins sont baignés de soleil. Les cas d'usage sont en effet légion, et le smartphone (ainsi que les compteurs électriques à domicile) deviendront plus qu'indispensables pour arbitrer les choix de vie et de consommation, avant sans doute de s'ingénier à en restreindre le nombre.

L'ARGENT SALE

L'économie pourrait se rappeler à nous et se glisser dans les espaces laissés libres par le compte carbone individuel. L'État ou même les entreprises polluantes mais soucieuses d'écologie pourraient, de manières multiples, récompenser en bon argent les comportements vertueux, tous ces points carbone cumulés. Les gains carbone se verraient monnayés par un crédit d'impôt, des bons d'achats de produits bios, des offres en transport public, des kilomètres de vélos loués et partagés, une réduction importante sur le prix de la voiture électrique ou l'installation d'une pompe à chaleur. Les possibilités de compenser ou de récompenser les écogestes en billets verts directs ou indirects ont déjà été très largement sondés et discutés.

C'est dans une large partie la manière dont les écogestes sont récompensés en Chine dans le cadre de l'expérimentation « Tan Pu Hui ». S'il est un pays dans lequel la gouvernance algorithmique a plus que jamais été expérimentée, c'est bien de la Chine. Le crédit social a déjà largement défrayé la chronique. Par son pouvoir autoritaire et la docilité conséquente de sa population, la Chine cherche à pousser aujourd'hui l'expérimentation de ce formatage algorithmisé à son extrême, par l'attribution à chaque citoyen d'une note sociale, qui décidera par la suite des services publics et des produits de consommation dont il pourra profiter, c'est-à-dire des récompenses en termes de prestations publiques et de yuan.

Cette expérimentation grandeur nature, rendue effective par l'omniprésence de caméras de surveillance, de logiciels de reconnaissance faciale et autres capteurs disséminés dans tous les recoins de la vie a évidemment de quoi horrifier. Transformer tous nos espaces de vie en un panoptique benthamien, obliger chaque citoyen à se dévoiler entièrement, se robotiser et se conformer sous prétexte d'une plus grande paix sociale est le genre de futur cauchemardesque dont les Chinois ont bien raison de nous montrer les voies à ne jamais emprunter. La radicalité de cette expérimentation ne doit pas faire d'émules dans nos démocraties, mais c'est le choix qu'a fait ce pays pour accélérer la transition écologique par un recours massif au traçage algorithmique, tant par le bâton que par la carotte. Il y a aura certainement des retombées chez nous, si ce n'est purement technologiques (comme les logiciels de reconnaissance faciale), mais dans un cadre régulatoire nettement plus contraignant et protecteur.

À la lecture du livre *Ce que la monnaie ne peut acheter* du philosophe de l'université d'Harvard

Michael Sandel[1], je vois pourtant, dans le sillage de l'auteur, deux critiques majeures à adresser à un éventuel dispositif économique par l'incitation et la récompense : payer pour avoir le droit de polluer désacralise ce qui est monnayé et favorise à nouveau la montée des inégalités. Sandel livre de multiples exemples de la perversion par l'argent de gestes solidaires, civils et moraux, tel le don de sang ou d'organe, la gestation pour autrui quand elle est autorisée, la réussite à l'école, faire la queue pour l'acquisition d'un billet de spectacle ou inscrire son enfant dans une institution très prisée (on peut payer quelqu'un pour s'en charger), et tant d'autres d'exemples de notre quotidien que l'on pourrait multiplier à l'infini et qui cherchent encore à se protéger de l'empiétement du marché.

La nature, la température moyenne de notre globe, doivent rester fondamentalement des biens publics et la plupart de nos écogestes financièrement désintéressés. Ce que nous avons de plus cher devrait impérativement résister au pouvoir de l'argent. En abordant la possible dissuasion par les prix des comportements polluants, comme prendre l'avion ou faire un plein d'essence, on a vu que ce sont surtout les inégalités de traitement qui sont épinglées, les riches s'octroyant le droit et le plaisir de polluer interdits aux plus pauvres. L'économie s'efforce de différencier au mieux les biens publics des biens privés, et laisser le marché organiser la valorisation et les changements de propriété des seconds est sans doute dangereux. Cette séparation est très équivoque, très malléable, très mouvante. Se faire

1. Paru en traduction au Seuil (Paris) en 2014.

payer afin d'économiser nos points carbone nous renvoie à une question très proche : combien de ces points et lesquels pourraient faire l'objet de négociation et de transactions ? Tous, dans la proposition initiale du compte carbone individualisé, aucun dans sa version la plus radicale et la plus idéalisée. Pour les plus extrêmes des écologistes, l'avion ou la viande rouge sont devenus des maux absolus, que rien ni personne ne devraient pouvoir racheter ou négocier.

La marché et l'État sont deux payeurs bien différents, et seul le premier s'expose à l'explosion des inégalités entre les participants. Toutefois, tous deux, même l'État, malgré son pouvoir de nivellement et de prise en charge des externalités positives, ont la caractéristique de désacraliser ce qu'ils récompensent, et de transformer un bien commun en un commun des plus vulgaires. Rêvons un peu : ne pourrions-nous pas être résolument vertueux pour la seule fierté de l'être et non pour le plaisir d'empocher quelques euros ? La planète n'a plus de prix.

Conclusions

Rendre des comptes carbone

La première idée majeure reprise ici, mais qui fait de plus en plus d'adeptes en raison de l'urgence climatique, est celle d'un compte carbone individuel dégressif avec les ans, à laquelle j'adhère comme la meilleure et la plus efficace des manières pour espérer réduire à zéro notre empreinte carbone d'ici 2050. Cette neutralisation de nos émanations CO_2 à cet horizon est pour l'unanimité des scientifiques aujourd'hui la condition *sine qua non* de l'habitabilité de notre planète pour les générations à venir. Une fois admis ce compte carbone, sa réalisation ne pourra faire l'impasse d'une prise en charge algorithmique ou, pour le dire plus crûment encore, une mise sous tutelle informatique de nos consommations et de nos attitudes les plus polluantes. Par exemple, tout achat débitera, en sus de votre compte en banque, votre compte carbone des émanations CO_2 dont la production et la mise sur le marché (différent s'il est *made in China* ou *in France*) seront responsables.

Conscient du côté extrêmement contraignant et invasif d'un tel dispositif informatique, outre le parcours législatif qui lui donnera naissance, il devra associer dès l'origine les citoyens qui accepteront de s'y soumettre. De nombreuses zones d'ombre persistent quant à son mode opératoire. Faut-il un montant carbone égal pour tous ? Et, si non, quels sont les critères à prendre en compte pour en différencier le montant d'origine ? Le montant carbone des biens et services doit-il être le même pour tous les consommateurs ? L'empreinte carbone du litre d'essence doit-elle être la même pour les habitants des villes ou des campagnes ? Doit-elle prendre en compte dans son calcul les alternatives de mobilité douce ? Tout comme les joules calorifiques pour les résidents de la côte d'Azur et ceux du pays des Chtis ? Faut-il séparer les biens dont l'acquisition impacte ce compte carbone, entre ceux de première nécessité, à soustraire d'une possible bourse d'échange dans un souci de justice sociale, et ceux perçus comme plus secondaires et de distinction sociale, et qui pourraient faire l'objet de transactions entre les plus et les moins favorisés économiquement ? Si oui, comment mettre en œuvre ces transactions économiques, fixer les prix et éviter de les assujettir à des mécanismes spéculatifs qui souriraient au plus doués, enclenchant, comme inhérent à tout marché non régulé, un emballement des inégalités ? On le voit, nombreux sont les obstacles qui se dresseront sur la route de l'algorithmisation du compte carbone, mais leur résolution n'aura d'autre finalité que se retrouver en actions dans des lignes de code informatique.

Ce caractère invasif, hautement cognitif et pratiquement indétournable, oblige nos démocraties à se réinventer : il s'agit bien de permettre plus d'horizontalité afin de tolérer une telle prise de contrôle, une transformation à ce point radicale de notre quotidien. Pour beaucoup d'acteurs climatiques et d'essayistes sans particulière sensibilité pour le numérique, la montée des températures et la dégradation de l'environnement obligent à réouvrir les portes des démocraties représentatives afin que les simples citoyens aient bien davantage droit au chapitre législatif. Cette horizontalisation se trouve encore renforcée par la montée en puissance de la digitalisation du vivre ensemble. Le compte carbone individuel ne sera accepté et adopté par des futurs usagers que s'ils sont parfaitement convaincus de son mode d'emploi, de l'équilibre entre les nécessités écologiques et économiques qu'il recèle, et de l'emplacement subtil du curseur entre la juste dose d'initiative qui accompagne le progrès social, la dose d'inégalité tolérée qui risque de s'ensuivre et la stabilisation de la température mondiale en deçà du seuil de viabilité.

La participation des citoyens à l'algorithmisation du compte carbone semble donc une condition indispensable à son adoption. De telles participations sont difficiles à mettre en œuvre à très grande échelle, mais rien n'empêche de démarrer de façon plus modeste, à l'échelle d'un quartier ou d'un campus, joignant l'utile écologique à l'agréable social. Il est beaucoup plus facile de réunir les personnes autour d'une même table ou inscrites sur une même plateforme numérique d'échanges si elles partagent un lieu mais aussi une préoccupation de vie (logement ou consommation). La réhabilitation informatique des célèbres communs d'antan nous montrent que l'autogouvernement et la gestion collective d'un bien commun fonctionnent d'autant mieux qu'ils s'exercent à une échelle réduite, et l'apport du numérique dans cette nouvelle gouvernance est décisif.

Enfin, l'existence dans son smartphone de ce compte carbone peut se prêter à de très nombreux et divers niveaux de contrainte, entre la seule sensibilisation sans restriction possible sur les choix de consommation jusqu'à la mise sous tutelle algorithmique de quelque consommation ou comportement polluant qui soit. Ce positionnement pourrait dépendre des biens en question. Ceux susceptibles d'une alternative écologique très facile d'accès ou ceux qui tiennent plus de la rivalité ostentatoire que de la première nécessité (la Ferrari au moteur thermique plutôt que la Toyota hybride), pourraient se prêter bien davantage à ces restrictions. On pourrait aussi démarrer avec la juste indication de l'empreinte sans aspect contraignant (afin que les usagers s'y habituent), pour évoluer graduellement vers plus de restriction. Lorsque l'on fait l'inventaire de tous les leviers d'action à notre disposition pour diminuer les envois de CO_2 dans l'atmosphère, technologie, économie, législation, il me semble qu'il est un levier dont l'influence sur les autres est prépondérante : nos choix personnels de consommation, le vote avec le portefeuille, *a fortiori* dès qu'il s'informatise et s'universalise. Son impact est considérable et il me paraît présider à tous les autres.

Même sans l'adhésion des usagers (et qui a cruellement fait défaut), la crise du Covid nous a prouvé qu'un tel développement numérique peut se mettre en place et se diffuser plus rapidement que n'importe quel autre dispositif contraignant, puisqu'il suffit d'un téléchargement. Cette crise sanitaire a contribué à nous convaincre de l'efficacité potentielle par la mise à disposition plus que rapide des solutions logicielles.

Tentons d'hybrider la philosophie *open source* qui s'est imposée parmi les informaticiens avec le renouveau démocratique vers plus de participation citoyenne et moins de joutes électorales pénibles et vaines. Il s'agit bien là d'une horizontalisation démocratique que les citoyens sont de plus en plus nombreux à réclamer pour, à la fois et dans un même élan, se désenclaver des GAFAM, sauvegarder la démocratie et la planète, non pas dans un multivers, mais dans notre seul et vrai monde en ébullition.

Table

Composition et mise en pages
Nord Compo à Villeneuve-d'Ascq

PEFC
10-31-3532
Certifié PEFC
Ce produit est issu de forêts gérées durablement, de sources recyclées et contrôlées
www.pefc-france.org

Imprimé en France sur papiers
issus de forêts gérées durablement

Sepec Numérique

1, rue de Prony - ZA des Bruyères
01960 Peronnas

IMPRIM'VERT®

Achevé d'imprimer en avril 2025
Numéro d'impression : N17932250260